懂買

才能過上真正喜歡的生活

不必斷捨離！

用**10**大選物哲學×**4**階段整理練習，
讓心靈金錢更富足的生活提案

作者——樋口聰子
譯者——呂盈璇

前言

致總是不小心手滑，忍不住什麼都想買的你

大家好，我是樋口聰子。

我的主要職業是漫畫家，或許是與生俱來的收藏家體質，加上興趣廣泛，導致我每樣東西都忍不住想要收集，下場就是房間變得亂七八糟，錢包也經常空空如也。

買了一堆多餘的東西卻沒有好好使用，雜物吞噬了整個房間；好不容易整理乾淨，過沒多久卻又恢復原狀……我的人生有很長一段時間都在這樣的惡性循環當中。

仔細回想，會變成這樣的最大原因在於我的購物方式沒有任何原則可言。

如果對自己的眼光沒有信心，很容易就會被社群媒體上討論度較高的商品，或是別人擁有的東西生火，腦波弱而跟著購買。

然而，對別人來說很棒的東西，未必適合自己。

最重要的是依照自己的標準來做選擇。換句話說，就是要建立屬於自己的「購物原則」。

實際上，拜這套原則所賜，我的人生有了很大的轉變。

或許很多人會想：「真的這樣做就夠了嗎？」

但自從開始依照自己的原則精準消費，我的生活不再需要縮衣節食，也不必再為了整理房間煩惱。更令我感到驚喜的是，在時間、財務和心靈層面上，我都因此變得更有餘裕。

我有更多時間投入自己喜歡的興趣、挑戰新的事物，每天都過得更充實、更有意義。隨著工作領域的擴展，我還得到許多意想不到的機會。

話雖如此，或許有些人會覺得「用自己的標準選擇商品」這件事的門檻很高。

但請各位不要擔心！在這本書中，我將毫無保留地分享自己反覆嘗試後歸納而出的「選物準則」，希望藉此幫助到各位讀者。

我曾在部落格上介紹過這些方法，收到許多讀者的回饋，像是：

「我終於成功告別浪費錢買便宜貨的人生。」

「為了買自己夢寐以求的東西，我人生第一次開始存錢。」

「我現在非常清楚自己的喜好，買的東西也常常受到別人的稱讚。」

收到這些回饋，我真的感到非常開心！

那麼，具體來說到底該怎麼做呢？請容我先分享幾個簡單的小訣竅：

- **寫下那些讓你「用到已經不堪使用的東西」的共通點**——這麼做能幫助你快速掌握自己的喜好，不必浪費時間煩惱抉擇，輕鬆避免買下多餘的物品。
- **如果真的想要衝動消費，就買「不會留下來的東西」**——選擇吃掉、用掉就消失的東西，不會為房間增加不必要的物品，也不需要花時間整理。

● **製作「看似無聊卻很讓人心煩的小事清單」**——避免「莫名其妙買了東西，最後卻根本用不到」的購物失敗狀況發生，減輕生活上的壓力！

有沒有冒出「意外地很簡單嘛！感覺我也做得到」的想法呢？

沒錯，就是這樣！

本書分享的每個方法，幾乎都是各位讀者立即就能融會貫通的。

那麼，要不要從現在開始改變你的人生呢？

樋口聰子

目錄

第1章 再也沒有「不全部買下來就不過癮」這種事！ 讓金錢和時間都變得更有餘裕的十大原則

第2章

再也沒有「捨不得用」這回事！妥善運用現有的物品，不再只是「擺著積灰塵」

第3章

防止「錢包不小心破洞」的整理秘訣

再也沒有「早知道就不買了」這回事！

第4章 揮別「不知不覺又打回原形」的煩惱！養成讓自己每天心情舒暢的「檢視」習慣

書籍設計▼喜來詩織（entotsu）

序章

從喜歡的東西到多餘的雜物……

回過神來才發現房間已經亂到無法無天！？

大家好，初次見面！
我是漫畫家樋口聰子
冒味請教各位，你們喜歡買東西嗎？
Shopping
1000
100
10
我超愛買的！
從小到大，我的興趣就是收集各種可愛的小東西
娃娃
礦石
迷你模型
食玩
公仔
糖果罐
各種紙類
休假時，我最大的樂趣就是去逛愛店
看看有沒有什麼可愛的小東西～
還有各種挖寶！
我買東西的原則基本上就是「靠感覺」！
盯
只要是讓我心動的東西沒買回家的話我就覺得不甘心
這個超可愛～～!!
先買再說!!

我的煩惱則是經常因為腦波弱而買錯東西
要嘛是網購時買錯尺寸
不然就是打折時買的衣服穿起來不適合
藤編包好有氣質♡
有夠小!!
根本什麼都裝不下
摩登原始人……？
極其微妙的長度
而且我的錢包永遠空空
崇拜已久的藝術家設計的擺飾
¥6600
這個……很可愛但好貴呀~
我的錢包負擔不起
買這個迷你版將就將就~
扭蛋版的迷你公仔 ¥500
錢都花在買可愛的東西上了
其他生活開支就省著點吧！
餐費也要盡量能省則省！
ぐ~…
曾經這樣渾渾噩噩的我究竟是以什麼為契機徹底改變購物方式的呢……

房間裡堆了滿坑滿谷的雜物
呃……
傻眼……
整個房間變得有夠髒亂……！
實不相瞞本人我還是個捨不得丟東西的人
只要是買回家的東西就算覺得
好像不太對勁
太大件……
滑落—！
也會想說
說不定哪天能派上用場！
然後塞到房間角落
就因為這樣我的東西多到爆
好不容易收集來的寶貝們每個看起來都慘兮兮……
東倒西歪
佈滿灰塵
破破爛爛
不能再這樣下去！
我也想要好好保管喜歡的東西！

於是我展開世紀規模的大掃除
而且非常成功
閃亮
閃亮
房間竟然變得如此乾淨整潔
閃亮
看到自己的收藏閃閃發亮……
出神
光用看的就好幸福～
那麼！是時候把今天買的戰利品拿出來擺啦！
窸窸
窣窣
回家路上剛好看到超級可愛的扭蛋～
咦？
擠
看來這個展示櫃擺不下了……
是時候再買個新的櫃子了……
凌亂
這麼說來最近東西好像又開始變多了……

讓我看看到底是多了什麼東西
嗯～？
啊！這個……是上次旅行時不小心衝動買的紀念品
整袋沒動這樣丟著……
滿山滿谷的重複扭蛋
特價時買的鞋子
穿上不到一秒就因為磨腳丟在房間角落
這些全部都是大掃除後又肆意亂買的成果……
哇～
大豐收～
嚇傻…
再這樣堆積下去房間很快又會打回原形
唉
這次必須趁早處理掉……
反正也不會穿只能丟掉了吧
…咦!?
這樣不就跟把錢丟到水溝裡沒有兩樣…!?
啊？
來算算看這些打算清掉的雜物總金額……
嗯…這雙鞋大概3000圓……
13,372
我居然花了這麼多冤枉錢…！
手抖

再怎麼努力整理
如果消費習慣沒有改變
只會陷入整理完又變亂的無限循環！
如果繼續這樣亂花錢
等著我的會是每次東西變多就必須再來整理的可怕生活⋯！
10000
嗚嗚⋯
一直整理一直整理沒完沒了啊～
不～
這種生活我才不要
我的金錢、時間和精神全部都想花在喜歡的東西上！
好！我決定了！
再也不買多餘的東西
來重新檢視我的購物方式吧！
就像這樣我慢慢摸索出自己的購物習慣
差不多該買個新包包了
老舊
破破
爛爛
先按捺住心中馬上去買的這股衝動
停！
為了避免衝動消費必須先做好事前準備！

事前準備①
檢查自己手邊擁有的東西！
檢查自己「經常使用的東西」
這會成為「下次該買什麼」的提示
使用頻率高到包包都傷痕累累！
——也就是說
不買
花俏
太小
這款包包是素面的搭什麼衣服都可以
大小也很剛好！
如果同款設計還能肩背的話就更完美了～
事前準備②
列出「如果這樣就更好了」的清單
這樣能讓選擇時的條件更加具體！
希望符合的條件
平常愛用的包包
・設計簡單
・裝得下A4的尺寸
・可以肩背
・棕色
接下來只要找到符合條件的就大功告成！
終於找到心目中理想的包包
從來沒有用過這麼好用的包包～
還有「對真心喜愛的東西絕不妥協於價格」這點也很重要
終於買到夢寐以求的東西！
不亂買就能省下很多錢單價稍微貴點也沒關係！
讚！

比起將就買一堆廉價的類似款
真是買對了啊！
滿足感大大提升
擁有的都是精挑細選的好東西就不會輕易對其他東西心動
進而創造購物量越來越少的良性循環⋯
這個好可愛～
但是
家裡已經有更棒的了！
再也不需要縮衣節食
嘿嘿
好好犒賞自己
現在的我每天都很開心！
本書我會跟大家分享自己在嘗試過無數方法後
歸納而出每位讀者都能立刻實踐的購物原則
・總是買錯東西
・不太擅長整理
・有收集癖
如果你符合以上任何一項描述
那麼這本書肯定能幫上你的忙！
接下來就請各位和我一起讀到最後吧！

1

每個「無意識的行為」都會讓你離心目中「理想的房間」越來越遠

不知道各位是否有這樣的經驗呢？吃完罐子裡的點心後，卻捨不得丟掉罐子，總覺得「以後可能還用得到」，於是順手把它留在家裡的某個角落。

我就是這樣的人。其實，我之所以會買那些點心，根本只是為了想要罐子。

不僅如此，我還會留下購買時店家提供的紙袋和包裝紙，小心翼翼地攤平後，再收進資料夾裡妥善保存；禮盒上的緞帶也會捲好，收進空的果醬罐裡……

是的，你沒看錯！過去的我就是那種「什麼都想收集，什麼都捨不得丟」的人。

不過，即便有著這種麻煩的性格，只要收集的對象不超過一種的話，基本上也沒什麼太大的問題。

就算種類再稍微多一點，通常也都還在可以控制的範圍內。

但是問題出在我的興趣實在是太廣泛了！而且，我是屬於那種一旦入坑就很難退坑，只要愛上就會一直持續下去的類型！

正因如此，我的房間總是堆滿各式各樣基於興趣收集而來的東西。

展示櫃被塞得滿滿、各種收藏擠在一起，讓人根本分不清楚哪個是哪個，也完全襯托不出它們的魅力。

有時我心血來潮，會想試著把收藏擺設得更漂亮一點，但總是沒過多久就又恢復成原本的模樣。

漸漸地，我連收納衣服、包包、文具等生活必需品的空間也不夠用，它們已經快從房間裡隨處堆放的收納箱裡炸開。

光是在房間裡稍微走動，就會被掉在地上的舊手機充電線絆倒；還得從高聳的衣服山裡挖出當天要穿的衣服……

我的房間真的已經亂到一個無法無天的地步。

這跟我從小夢想的「被喜歡的東西包圍著的美好生活」，可以說是差了十萬八千里……

2 只要重新檢視「購物方式」，就不需要再整理了嗎？

「妳的房間過不了多久，就又會被打回原形啦！」

在我完成人生中最重要的一次大掃除後，身邊的人最常吐槽我的就是這句話。

不可否認，以前的我無論再怎麼努力整理，都無法讓房間長期保持乾淨。動不動就衝動消費，買了又沒在用，東西隨隨便便就扔進那些「總之先暫放這邊」的收納箱裡，導致房間裡充斥著「根本不知道裝了些什麼的收納箱」。

但是，就連這樣的我，也在完成人生中最重要的大掃除後，六年來房間再也沒有回到以前凌亂的模樣。這完全歸功於我重新檢視了自己的「購物方式」。

只要重新檢視購物方式，就不會再囤積不必要的物品，房間自然能隨時保持乾淨整潔。

我所謂的「重新檢視購物方式」，是指「為自己的購物方式建立原則」。相信有很多人光是聽到「原則」這兩個字就已經面有難色，但請各位不要擔心。**建立購物原則，絕對比沒完沒了的大掃除輕鬆好幾百倍！**

我之所以會這麼說，是因為大掃除本身就是一件非常耗費精力的工作。

光是決定眼前大量的物品是要「留下」還是「丟棄」就已經有夠累人，過程中還會不斷遇到讓你陷入選擇困難的東西。除此之外，還得考慮留下來的物品該如何收納，整個過程彷彿看不到盡頭……

這麼令人心累的大掃除，一輩子做一次就夠了！

如果能為日常購物方式建立原則，未來就只需要決定「買」或「不買」，這樣是不是輕鬆多了呢？

購物原則一旦建立，就不會輕易改變。所以趁早建立購物原則，絕對可以說是百利而無一害。

讓我們一起思考看看，如何建立一套不會讓物品增加太多的精準消費原則吧！

3 只要這麼做，就能踏入「好事發生」的正向循環

在這場人生中最重要的大掃除裡，我領悟到一件事。「真正重要的東西，遠比你想像中的還要少」。

如果你仔細觀察那些當初覺得「這個很重要不能丟」、「這個以後可能還會用到」而留下來的物品，很快就會發現，其實它們幾乎都是「一點也不重要，而且一次也沒拿出來用過」的東西。

就像我先前所提到的那些點心罐，我從原本收集的八十五個罐子中去蕪存菁，最後只留下真心喜愛的二十五個。那些店家給的紙袋跟包裝紙，大部分也只是因為習慣而留，真心喜愛的其實只有一小部分。

房間只留下自己「真心喜愛的物品」，就能大大提昇生活品質。

請各位試著想像看看。

當你坐在房間裡，環顧四周，所見的一切全都是自己喜愛的物品，那種感覺該有多麼美好！

有足夠的空間可以展示自己心愛的收藏，讓它們每個都閃閃發光，展現出最美的樣子。

這樣的環境，光是看著就會讓人感到心情愉快！

衣櫃裡也只留下精心挑選過後的衣服和包包。

無論哪件都很適合現在的自己，再也不必為了穿搭而煩惱。

而且最大的好處是，當你掌握自己「真正的喜好」之後，自然就不會再進行多餘的消費。

即使在路上看到「好像還不錯」的東西，也不會再衝動購買。

滿足於已經擁有的好物，自然就不會「這個也想要」、「那個也想買」，輕易被其他東西吸引。

如此一來，不但房間裡的物品不會再永無止境地增加，省下的錢也能存起來，形成財務上的良性循環。

更棒的是，這些存款還可以用來購買真正合乎心意的物品。

一旦體驗過「講究而不將就」的購物方式所帶來的滿足感，你就再也回不去過去的消費模式了！

column

你想要的東西，對你來說
究竟是收藏品？還是實用品？

在進入正題之前，我想先跟大家分享一個重要的觀點。

一般來說，我們想購買的東西大致分為兩種：一是「收藏品」，二是「實用品」。

- **收藏品**……這類物品沒有具體的實用功能，純粹是因為個人喜好而想收集。（對我來說，像是糖果罐、迷你玩具、寶石和娃娃等都屬於這一類）
- **實用品**……指日常生活中會用到的東西。（像是衣服、包包等穿戴在身上的服飾，以及辦公文具、餐廚用品、化妝品等）

明確區分出這兩者的不同，正是大幅提升購物帶來的滿足度的關鍵。

當你把手伸向那個讓你覺得「好想要！」的商品時，是否想過它對你而言究竟是「收藏品」還是「實用品」呢？這個問題的答案，會直接影響到你的購物方式。

或許現在你還不太明白我在說什麼，但請別擔心。

我會在接下來的章節裡詳細說明。不過在翻頁之前，請先把這個概念放在心上。

第1章

再也沒有「不全部買下來就不過癮」這種事！

讓金錢和時間都變得更有餘裕的十大原則

冒昧請問各位旅行時買的紀念品或伴手禮
回到家後會馬上拆封分類嗎？
饅頭
該不會是
既然今天玩到那麼累
那就改天再來慢慢整理～
啊～玩得好開心
然後包裝連拆都沒拆就這樣丟到角落
Candy
結果就是直到下個週末還是原封不動……你是這種人嗎？
傻～眼～
很不幸地本人正是如此！
呃…
又不小心手滑…

每次都是放到快忘記才拆封
拆開後又不知道怎麼處理⋯⋯！
該擺哪裡才好⋯
亂～亂～
奇怪
明明當初都是因為喜歡才買
為什麼回家後卻不會想馬上打開？
這個問題困擾了我很久⋯⋯
真相永遠只有一個！
那就是我「買東西時根本什麼都沒思考」！！！
呃⋯
無法反駁!!
旅行時的我
哇～好可愛！買吧～
大豐收～
哇哈哈～
當然買東西時都有買的「理由」
好便宜
好可愛
當地限定
很少見
好像很方便
多買幾個不會有什麼損失
但我買東西的方式根本沒有「原則」可言！

沒有原則
就不會去思考
買回家以後
怎麼處理
只知道買買買
「買下的瞬間」
滿足感
飆到最高點！
雖然好像
沒地方放
管他的
先買再說～
滿足感
買了！！
萬歲！
怎麼辦？
連拆都沒拆
就丟著…
這就是
好不容易
買下的東西
最後卻不知
如何處理的原因
而這些
「未經思考就
買下的東西」
會成為
房間亂七八糟的
元兇……！
不知道
該放哪才好
先隨便
擺在這吧…
要防止
這種情況發生
購物原則
非常重要！
根據自己的
購物原則進行購物
會像這樣
哇！
這個好可愛喔！
我想要～
但是……
因為家裡已經
有很喜歡的
馬克杯了
這個不買
應該也沒關係
原則①
與現有的物
品比較看看

相對的
糖果點心
或是茶葉可以
多買一點～
原則②
買消耗品
來滿足
購物慾！
紀念品
買明信片
就夠了♪
這個可以
收藏在
資料夾裡～
原則③
紀念品
選擇平面的
東西！
旅之泉
湯煙
TEA
Cookies
入浴劑
茶包
糖果
先想好買回家後
如何處理
才購買的伴手禮
回到家後
就可以
馬上拆封
分類收納
吃掉
用掉
收好
輕鬆！
Bath
湯
而且還可以
把不亂買東西
省下來的錢
拿去買
真心想要的東西
滿足感
大幅提升！
想要
這個
很久了～
購物原則
真的超棒
人人值得擁有！
永遠
在一起！
我的購物原則

1 出現「想買！」的念頭時，先停下來捫心自問

「好可愛！」、「想要！」、「好便宜！」、「買了！」

以前我買東西的方式，就是這麼簡單直接。

只要看到可愛又不貴的東西，我就會感到坐立難安，迫不急待地想擁有它，一秒也不能等。

這樣的下場，就是得到一個東西多到爆炸，亂到無法無天的房間……

不管多努力地整理房間，也總是撐不了多久，很快就又恢復原狀。這種情況讓我痛定思痛，認為「如果繼續現在的購物方式，房間遲早會被打回原形。還是趕快幫自己訂定購物原則吧！」因此決定做出改變。

先問自己一個問題，從此不再衝動消費！

我為自己訂下的第一個購物原則是：

「每當出現『想要！』的念頭時，先問自己『我對這件商品的喜好程度，是否勝過已經擁有的物品？』」

透過與自己已經擁有的物品做比較，可以避免隨便添購其實根本不需要的東西。

★如果房間裡的東西已經多到讓你「搞不清楚自己究竟擁有什麼」，建議先從「整理」開始。我會在第三章和各位分享一些就連像我這種既捨不得丟東西，也不擅長收拾的人都能辦到的簡單整理方法。

自從學會在購物前先問自己這個問題之後，面對過去一失心瘋就手滑的商品，現在的我已經有相當高的機率，可以在走向櫃檯結帳前成功阻止自己衝動消費。

舉例來說，在逛自己喜歡的雜貨店時，看到可愛的胸針。

如果是以前的我，肯定會滿腦子想著：「我最喜歡收集胸針了～今天也來帶個回家！」然後從玲瑯滿目的胸針當中，挑幾個喜歡的結帳。

但是，如果先問自己「這些比我已經擁有的胸針更可愛嗎？」的話……

腦海中浮現大掃除時精挑細選，好不容易篩選出來的心愛收藏。為了不讓心愛的胸針沾染灰塵，我還特地購入壓克力收納盒，把它們都妥善收藏起來。

眼前這個「好想要！」的胸針，它的吸引力真的有超過我已經擁有的那些胸針收藏嗎？

透過和自己心愛的收藏做比較，很自然就會發現「自己擁有的收藏比眼前的更好，所以不必再額外添購」。

如此一來，我們就能**在購物的時間點及早阻止自己買下「為買而買，其實根本不是真心喜愛的東西」**，杜絕導致房間變亂的元兇。

如果經過深思熟慮之後，仍然覺得眼前的物品「比自己已經擁有的更喜歡」，那麼當然可以買！

這個原則不僅能避免亂買，還能幫助自己找到比「已經擁有的物品」更喜歡的東西。

雖然我們並不希望物品增加，但畢竟人的品味會隨著時間改變，完全不購買新東西的人生也沒什麼意思，對吧？

正是因為這樣，既然都要買，當然要買到比已經擁有的更棒、更喜歡的東西！

在這樣的前提之下，不將就是絕對要遵守的必要條件。

例如，「這個比我已經擁有的還要好！但是有點貴，先忍一下，將就點買個便宜的類似款吧！」的情況。

若是基於將就，買下有點類似卻又不太像的替代品，終究會因為不是「真心喜愛」而無法獲得真正的滿足。

因此，除非價格真的非常誇張，否則即使稍微超出預算，也應該選擇最想要的那個商品。

只根據「好用程度」來選購實用品

如果你想購買的不是收藏品，而是像衣服、包包、辦公用品或廚房器具等日常生活中會用到的實用品。

就用「這個是否比我現在擁有的還要好用」來做為基準比較。

如果無法當場確定商品的功能性，或不確定用起來是否舒服或順手時，可以先記下商品名稱，詳閱產品說明和使用者評價，做足功課後再決定是否購買。

按照自己的標準進行比較：

- **收藏品**：選擇比現在擁有的更好、更喜歡，滿足度更高的。
- **實用品**：選擇比目前使用的更好用、更方便的。

如此一來，你就能以更冷靜的態度選擇物品。

換句話說，改變「購物方式」就能防止亂買，無論是收藏品還是實用品，每天都能過著被喜歡的物品包圍的生活。

關鍵的第一步，就是在看到「好想要！」的東西時……

先問問自己：「這個真的比我已經擁有的更好嗎？」

停下來深呼吸，好好傾聽自己「內在真實的聲音」。

2

不能只因為「便宜」就腦波弱亂買

幾乎沒幾個人能抵擋得了「特賣會」的誘惑。

其中，我對「結束營業跳樓大拍賣」特別無法抗拒。

猶記大學時，有次碰巧遇到一間雜貨店的結束營業跳樓大拍賣活動，我被「全館一折出清」這個煽動性極強的字眼燒到，滿腦子想著「機會難得，沒買點什麼就虧了」，失心瘋買了一大堆羊毛氈胸針、原創設計的印花環保袋等小東西。

結果毫不意外，這些東西買回家後，全被送進收納箱裡……

之所以會發生這種事，正是因為我**純粹是因為「便宜」而決定購買**。

只盯著價格標籤，而沒有認真考慮商品是否真的適合自己，這樣怎麼可能買到滿意的東西呢？

以前每次看到特賣促銷活動，我都會想：「這麼便宜，不買點什麼就虧大了！」但仔細想想，把金錢和收納空間花在那些按照原價販售時根本不會考慮的東西之上，才是真正的損失……（我自己寫完這段，都覺得深深戳中了自己的痛點……！）

意識到這件事之後，我決定再也不被特賣促銷所誘惑。因此，當腦中又有「好便宜！想買！」的念頭出現時，我會先問問自己：

「如果這個東西是按照原價販賣的話，我還會想買嗎？」

百元商店的陷阱

不可否認，物美價廉的東西多的是，如果能以划算的價格買到本來就想買的東西，那是再好不過。但我已下定決心，絕對不再只因為「便宜」就失心瘋亂買。

百元商店就是一個很好的例子。

以前的我，閒來無事就會去逛百元商店，每次一個不小心就會買下原本並不需要的東西。

為了防止自己花冤枉錢，我訂下了在結帳前要先跟自己「對話」的原則。

例如，在百元商店看到中意的東西時，先問問自己：

「這個東西有比我現在擁有的更吸引我嗎？」

「這個東西有比我現在在用的更好用嗎？」

「如果這個東西超過百元，我還會想買嗎？」

「自我對話」的能力是訓練出來的

培養購物原則就像是鍛鍊身體，都是需要經過日月努力累積出來的。

雖然剛開始很容易會不小心破戒，但隨著「自我對話」的練習經驗增加，就能慢慢減少衝動購物的頻率。

除此之外，還有一個更有效的方法。

就是思考**「如果現在不花這一百元，而是把它存起來，未來遇見真正想要的東西時，這些省下的錢就會變成資金」**。

一味壓抑購物慾望是件難事，但如果告訴自己「現在先忍住，之後說不定能買到更棒的東西……」就能輕鬆戰勝購物慾。

自從開始做自我對話的練習後，百元商店對我而言已經不再是「容易衝動消費，亂買便宜貨的地方」，而是「有明確消費目的，例如廚房水槽濾網等消耗品用完時才去的商店」。

畢竟以日常消耗品來說，經濟實惠最重要……

現在的我，已經不太會在店裡東逛西逛，而是直接前往我鎖定的消耗品專區。

這項訓練確實很值得！

前一陣子，我再度碰到雜貨店結束營業跳樓大拍賣（全館五折）。每樣東西看起來都很划算，但我告訴自己：「這些都不是我真正想要的……為了夢寐以求的東西，現在不能隨便亂買！」結果一塊錢也沒花便全身而退。**當時的我真的很為自己感到驕傲**。那種感覺就像是在歷經嚴格的訓練後，終於奪下冠軍腰帶。

透過不斷累積的小小努力，才能戰勝「便宜」的誘惑。

3 購買「日常用品」時的約法三章

以前的我基本上就是個沒什麼想法的人，買東西都以有圖案的為優先。

無論是衣服、鞋子、包包、襪子，全部都挑有圖案的買。

想當然耳，有圖案的跟有圖案的服飾很難互相搭配，所以買回來的衣物幾乎都放著沒穿……（有夠浪費！）

選購每天都會用到的實用品時，最重要的是避開那些「因為外觀漂亮而買，實際上並不好用」的品項。

為什麼呢？因為一旦入手這種品項，你就會因為它漂亮而捨不得放手，但留著也根本不會使用，最後只能堆在房間裡佔空間。

你有幾個「環保袋」？

在我的房間裡，「因為外觀漂亮而買，實際上根本不好用」的東西中，數量最為龐大的就是各種袋子跟包包。

以前的我很喜歡蒐集雜誌附錄的環保袋，以及英國品牌「Cath · Kidston」推出的草莓或花卉圖案的印花包，還有各種刺繡編織的小提籃。

這些提袋和包包的外觀都很吸引人，但各自都有不好用的地方。

雜誌附錄的環保袋通常都是粗製濫造，耐重強度堪憂；印花包包要跟同樣是印花的衣服搭配，顯得過於花俏；編織提籃尺寸迷你，裝不了多少東西……

即使偶爾心血來潮拿出來用，也總是會浮現「漂亮歸漂亮，但總覺得哪裡不太對勁」的想法，最後全都堆在衣櫃角落束之高閣……

實際上我經常使用的包包，大多都是在隨意挑選時，意外買到覺得很好用，然後用到破爛不堪為止的。這些包包的款式通常是不太起眼的基本款。

明明有那麼多造型可愛的包包，但最常用的卻是這些已經被用到磨損、充滿刮痕的，想來實在是很矛盾。

這種情況之所以會發生，正是因為我當時並沒有搞清楚包包究竟是收藏品，還是每天都會用到的實用品。

換句話說，當時的我不管買什麼，**都像是在挑選收藏品，只以「好可愛！」、「好喜歡！」為標準來做決定**。

所以，那些實用好搭的素面基本款根本入不了我的眼，我只選那些第一眼就看上，外觀設計吸睛的款式。自然而然地，這些包包也就越來越多。

這些包包不僅使用的場合有限，時間久了還很容易變質，根本不具有收藏價值，最終只能含淚丟棄。

看著囤積成雜物的包包山，我暗自下定決心：

「從今以後，不再憑著外觀挑選包包，而是精選幾個實用的款式輪流使用。」

在那之後，我為自己訂下在挑選衣服、包包時，先捫心自問「是不是又只憑外觀來挑這些每天穿戴、使用的物品呢？」的原則。

過去的我，只要衣服漂亮，即使穿起來不舒服，也會「先買再說」；但自從訂下這個原則之後，我懂得暫時抽離「好可愛！」、「好想要！」的情緒，讓自己冷靜下來，改從商品的「好用程度」來做判斷。

按照實用性↓外觀設計的順序選購

這個原則最大的好處就是「不再被外觀所迷惑」。

如果不再只將外觀視為選購時的唯一標準，你會開始注意到其他像是顏色、尺寸、材質、耐用程度和質感等相關資訊，也能好好檢視過去從未考慮過的「實用好物的選購重點」。

我在設定這個原則後，選擇了以下三個包包：

- **基本款式的百搭皮革包**：永不退流行的經典設計，既耐用又好搭配。
- **輕量耐操的棉質環保袋**：東西多的時候最能派上用場。
- **防潑水材質的尼龍背包**：不容易髒，即使是下雨天也能放心背出門。

一旦體驗過擁有能搭配各種服裝，或是任何天氣都能安心使用的包包有多方便之後，就再也回不去過去的購物模式啦！

不過，「注重實用性」並不代表你必須犧牲對外觀的講究，「勉強買下覺得不好看的東西」。

選購時確實要先以「實用性」為首要考量，但只要符合實用性的原則，當然就能選擇自己喜歡的設計下手囉！

實際上在選購包包時，**我會先決定好適合自己的尺寸和顏色，然後將選項縮小到剩下幾個，最後從中選擇最喜歡的外觀設計**。

無論買什麼東西，只要根據上述的原則順序做選購，必能找出兼顧「實用性」和「喜歡的設計」，兩全其美的最強好物。

那麼，究竟什麼樣的東西才是符合自己需求的「實用好物」呢？

在下一篇中，我會以自身經驗為例，跟大家分享我是如何挑選屬於自己的「實用好物」。

相同用途的物品，不需要同時擁有好幾個。

4 購物不失敗的秘訣，藏在「用到破破爛爛的東西」裡

接下來我想更具體地和各位分享，我自己是如何挑選出屬於自己的「實用好物」。

首先，最重要的是在購物前，先盤點自己手邊擁有哪些東西。

除了掌握「哪些種類有多少個」之外，更重要的是釐清「對自己來說，實用好物必須具備哪些條件」。

這些線索，往往藏在家裡那些**「已經用到破破爛爛的東西」**裡。

舉例來說：

「差不多要換季了，想幫自己添購幾件新衣，但不知道該買些什麼才好……」

像是這種情況。

這時，我會選擇先汰換掉去年經常穿出門，洗到起毛球、鬆垮磨損或沾到污漬的衣服。

為什麼呢？因為那些買回來後保存得當，和新品沒兩樣的衣服，代表你並沒有經常穿它。相反地，如果這件衣服被你穿到起毛球或鬆垮磨損，代表它在設計或舒適度上有某些優點，好到讓你「穿到都快爛了卻還想繼續穿」。

換句話說，只要能明確找出這些衣服的優點，並且分析「明明買了新的衣服，卻總是覺得哪裡不太對勁，穿沒幾次就不再穿」的原因，便能避免購物失敗的狀況再度發生。

試著列出願望清單

接下來，請各位參考看看我個人的經驗。

在我的衣櫃裡，被我穿到最破舊的衣服，是幾年前花了日幣三千圓買下的一件素面薄款白色針織衫。

那麼，是不是只要再買一件全新的白色針織衫就好了呢？各位，事情可沒有這麼簡單。

同樣都是白色針織衫，衣櫃裡卻也有我不常穿的。因此必須先分辨出兩者之間的差異。

此時正是「願望清單」派上用場的時候。

利用筆記本或手機備忘錄，盡可能詳細地列出你想要的物品必須滿足哪些條件。這可以說是幫助自己找出真正合乎心意的夢幻好物的魔法。

我把「願望清單」歸納在一本筆記本裡，將心目中理想的「顏色」、「材質」、「在什麼場合使用」等，每個條件詳細列出來。

不需要寫得很工整，只要把心裡的想法直接了當地寫出來即可。

〈我的願望清單〉

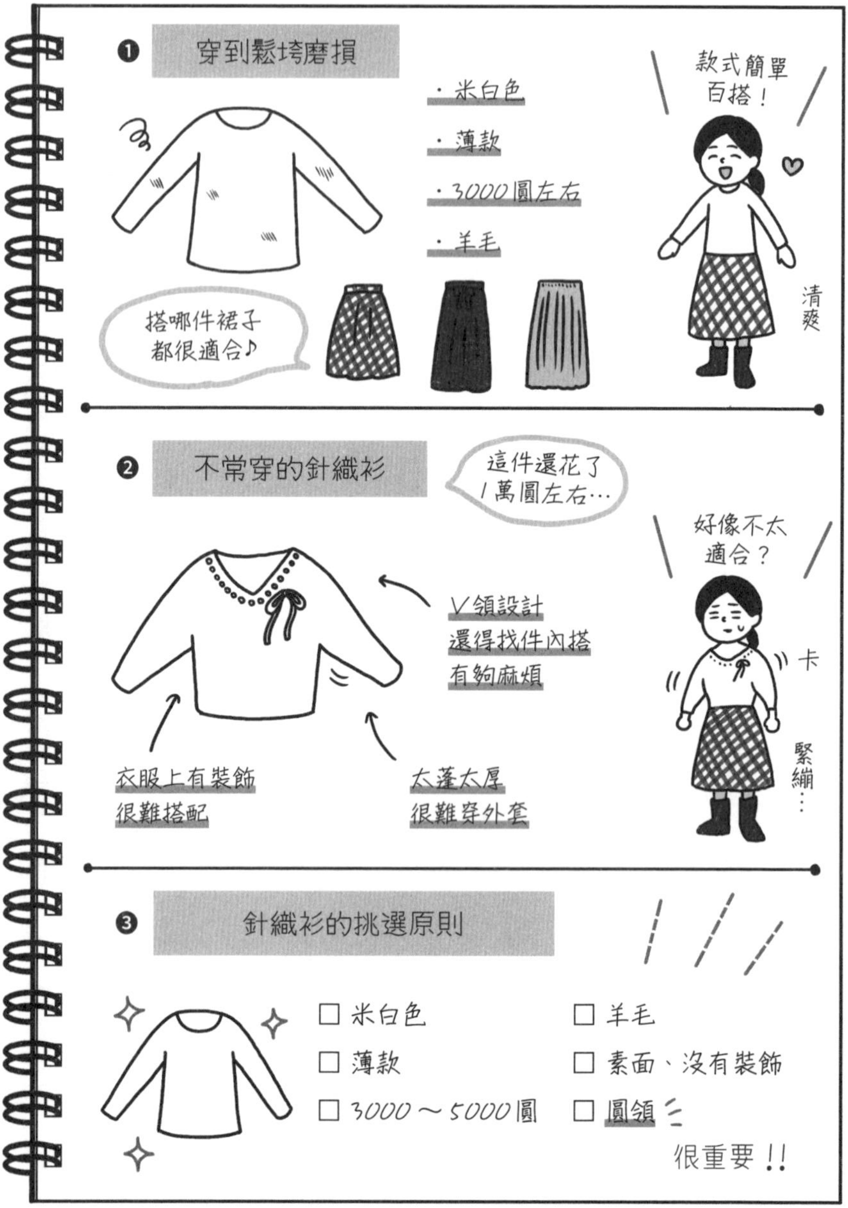
❶ 穿到鬆垮磨損
・米白色
・薄款
・3000圓左右
・羊毛
搭哪件裙子都很適合♪
款式簡單百搭！
清爽
❷ 不常穿的針織衫
這件還花了1萬圓左右…
好像不太適合？
V領設計
還得找件內搭
有夠麻煩
衣服上有裝飾
很難搭配
太蓬太厚
很難穿外套
卡
緊繃…
❸ 針織衫的挑選原則
☐ 米白色
☐ 薄款
☐ 3000～5000圓
☐ 羊毛
☐ 素面、沒有裝飾
☐ 圓領
很重要!!

讓我們搭配右頁檢視看看吧！

首先，找出「穿到鬆垮磨損的針織衫的特徵」（❶），以便清楚描繪出「夢幻好物」的輪廓。

- **顏色**：米白色，沒有任何圖案、裝飾的簡單款式。
- **材質**：薄款、羊毛材質。
- **使用場合**：冬天可以搭配印花裙。
- **大概預算**：跟舊的差不多，落在日幣三千到五千圓之間。

將心中理想化為具體文字，使夢幻好物的條件更具說服力。

如果能再更進一步，清楚掌握「不常穿的針織衫」的特徵，就能輕輕鬆鬆找出符合理想的單品！

為此，我們在願望清單上加上「不常穿的針織衫」（❷）。

這也是我第一次發現兩者之間的差異，原來我不常穿的針織衫是V領，而常穿的都是圓領。

也就是說，只要針織衫不是圓領的，即使買了我也不太會拿出來穿。接著根據上述觀察歸納如下：

- **顏色**：米白色，沒有任何圖案、裝飾的簡單款式。
- **材質**：薄款、羊毛材質。
- **使用場合**：冬天可以搭配印花裙。
- **大概預算**：跟舊的差不多，落在日幣三千到五千圓之間。
- **領口設計**：圓領。

最終列出願望清單（❸）的條件。

其實，只要做到這種程度，基本上購物程序也差不多完成了。

按照上述步驟確定夢幻好物的條件，除了不會再三心二意地東看西看之外，還可以放心地盡情試穿。（我以前經常會因為不敵店員慫恿，或是試穿後不好意思放回去，結果買下根本不需要的商品……）

不符合條件的東西，通通無視！

擬定好願望清單後，購物時還有個最重要的注意事項，也就是「只要不符合其中一個條件就絕對不買」。

這個原則看似嚴格，但請試想以下場景。你恰巧碰到「顏色、設計和材質都符合條件」，但「質感摸起來有點粗糙……」的衣服。

即使其他條件再怎麼完美，但如果因為介意「質感有點粗糙」而根本不穿，那就沒有購買這件衣服的意義。

像是這種情況，我一律建議無視。

相信我，你一定能找到更符合理想條件的東西！

不用著急，慢慢找出符合願望清單條件的商品。

唯有「其他條件都符合，但稍微超出預算……」時，可以毫不猶豫立刻結帳。

當然，如果預算超出的範圍是以日幣萬圓起跳，那麼誠心奉勸各位直接跳過。

勉強消費不僅會對家計造成負擔，還會讓人產生「這件衣服好貴，要留到適合的場合再穿」的心態，最後因為捨不得而根本沒穿過幾次。

不過，根據我的經驗，如果預算超出的範圍是在日幣幾百至幾千圓之內，而其他條件完全符合理想，這種情況下購買的商品，幾乎從來沒讓我後悔過。

反過來看，不買而感到後悔的狀況還比較多。

在願望清單上寫出預算範圍的主要目的，是為了縮小購物時的選項。

與其為了壓在預算內，將就買下相對不那麼理想的東西；稍微超出預算，但買的

是百分之百合乎自己心意的商品，這樣才是最棒的選擇。

講究而不將就所買下的物品，真的會讓你喜歡到不行！

相信這些東西一定都能充分發揮它的價值，直到被用到破破爛爛為止。

把願望清單握在手裡，

帶著玩闖關遊戲的心態去逛街吧！

5 基本款的東西，擁有「兩個」就夠了

自從開始活用「願望清單」，挑選真正合乎心意的「實用好物」後，我每天出門前思考穿搭的時間大幅減少。

因為衣櫃裡只保留了我精挑細選的「實用單品」，所以現在的我可以毫不猶豫地迅速決定好當天穿搭。

先前介紹過的素面白針織衫，可說是在我的穿搭上大展身手！

我擁有許多不同花色的裙子，搭配簡約的素面上衣剛剛好。

白色針織衫加上花裙的組合，幾乎可以說是「任何場合都適合」，也因此成為了我最常選擇的穿搭風格。

這麼說或許會讓人以為我的穿搭近乎完美，但其實有個問題。

試著購買「一模一樣的商品」

我面臨的問題是——「穿白色針織衫的頻率實在太高了」！

有些人或許會覺得「經常穿自己喜歡的衣服不是很好嗎？」，但對我來說，我穿白色針織衫搭配花裙的頻率已經高到連我自己都覺得有點過頭了。

我確實有許多不同圖案的花裙可以輪流穿搭，但上半身的白色針織衫幾乎每天都是同一件……

不光是沒有別件可以替換，喜歡的衣服天天穿，很容易就會起毛球或不小心弄髒。好不容易才找到的命定單品，沒多久就又變得破破爛爛。

那麼，為了消除這種不安，我採取了什麼行動呢？

答案就是再買一件「一模一樣的商品」。

也許有人會問：「一模一樣的商品？真的有必要做到這種程度嗎？」

但是，各位仔細想想，我們好不容易才藉由願望清單，從茫茫衣海中找到了這件命定單品，當然值得做到這種程度啊！

剛開始我也會想：「每天都穿一樣的衣服是不是不太好？是不是應該要稍微做點變化才對？」所以對於購買同款商品，難免還是有些顧慮。

如果是過去的我，絕對會因此買下同款不同色，或者改買設計稍有不同，這種「跟命定單品有點差別的類似款」。

但是，請各位仔細想想。

在我的衣櫃裡，除了那件穿到又舊又鬆的圓領白針織衫之外，還有一件是幾乎原封不動的V領白針織衫……

簡單來說，「類似款」終究無法取代萬中選一的「命定款」。

像是這種差強人意的衣服，就算買了再多，真正會穿的永遠還是最喜歡的那件。

既然如此，各位難道不覺得直接擁有兩件同款比較合理嗎？

接下來就讓我來説説「擁有兩件同款商品的生活」有多方便吧！

首先，我覺得最棒的就是「隨時都能穿上自己最愛的衣服」這點。例如剛剛提到的白色針織衫，一件拿去洗時，只要拿另一件出來穿就可以了。

不用勉強自己穿著不合適的衣服，心裡嘀咕著「感覺渾身不自在……還是原本那件比較好」，這樣的情況再也不會發生。

尤其當你擁有兩雙同款的運動鞋時，即使遇到下雨淋濕，或是鞋子洗完還在晾乾時，依然可以穿著另外一雙自己已經穿習慣的同款運動鞋。

不必勉強自己穿著不常穿的其他鞋款，也不會再有鞋子磨腳的問題，實在是太開心了！

（現在的我已經習慣同時擁有兩雙同款運動鞋、兩雙同款涼鞋和兩雙同款靴子！）

不建議擁有多件的單品

還有另一個優點是「擁有兩件同款命定單品，可以延長東西本身的壽命」。兩件輪流出場，減少單件的使用頻率，延長各自的壽命。只要珍惜著穿，就能讓它們陪你更久。

以前只要發現心愛的衣服穿到變得有點鬆鬆垮垮時，我就會開始擔心萬一穿壞，沒有其他替代的衣服該如何是好，因而開始減少穿它的頻率。但現在的我完全不需要擔心這個問題。

畢竟，等到兩件同款都穿壞時，我應該也已經找到另一件新款的命定單品了。

（相反地，如果同個款式囤了三四件，反而會因為覺得膩了就不想再穿。**考慮到個人喜好隨時可能改變，同款商品預備兩件最為剛好！**）

話又說回來，「既然都要多買一件，那為什麼不乾脆一開始就直接買兩件呢？」

我想有些人心中應該也冒出了這個疑惑。

但我還是要提醒大家，雖然我們在消費前，已經確實透過「願望清單」來篩選過，但這些東西是不是真的如預期中好穿、好用，還是必須實際使用過後才能確定。

在這個階段先稍微謹慎點比較好。具體來說，可以先買一件回來，穿個一週觀察看看再做決定。

此外，並不是所有東西都適用這個方法。同時擁有兩件同款的單品，必須是「經典不退流行的基本款」。

有印花圖案或者裝飾的衣服、時尚感強烈或搶眼的潮流單品，我並不建議各位同時持有兩件。

會這樣建議的理由還有一個。有別於基本款，潮流單品很容易給人留下深刻的印象，反而容易讓人覺得「這個人每天都穿同樣的衣服」。

更何況，潮流單品常會因為個人喜好的改變，或是流行趨勢變化而過時。

去年才買的衣服，今年可能已經退流行，或是突然覺得它不再適合自己……

像是這種衣服，與其買個好幾件，拉長衣服本身壽命，還不如只買一件，趁流行時經常穿比較好。

如果你已經擁有一件命定的基本款，為了能穿得更久一點，不妨考慮直接「再買一件一模一樣的款式」。你一定會對同時擁有兩件同款衣服的方便程度歎為觀止！

實穿百搭的「開襟衫」也很推薦同時擁有兩件！

6 購買消耗品來滿足「角色愛」

從三麗鷗到迪士尼、角落生物，各地吉祥物和動漫角色……街上到處都是各式各樣的動漫角色、卡通明星，而且每個都很可愛。

本人我是大耳查布、米飛兔和嚕嚕米（姆明）的粉絲。

我高中時非常著迷於大耳查布，從鉛筆盒、手柄鏡、小絨毛娃娃鑰匙圈到折疊毛毯，書包裡的物品清一色都是大耳查布的圖樣。

但是，隨著長大成人，再怎麼喜歡也不太可能把生活用品全部換成動漫周邊商品。

畢竟這些東西已經不再適合自己現在的生活方式。

每個動漫周邊商品單獨看起來都可愛到不行，但只要數量龐大到某個程度就會顯得雜亂，而這與我目前追求簡單的生活方式並不相符。

無法抑制對動漫周邊商品的愛！

話雖如此，每次在店裡看到這些動漫周邊商品，我還是會覺得可愛，總是忍不住把手伸向它們。

於是我開始思考，有沒有什麼方法能滿足這股從內心深處湧現的「對動漫周邊商品的渴求」，也就是所謂的「角色愛」。最後，我為自己訂下這個原則：

「如果要買的是消耗品，那就可以盡情選擇動漫周邊商品！」

例如，我現在愛用的護手霜，就是米飛兔的限定版包裝。

當我站在美妝選品店裡，面對陳列著玲琅滿目的護手霜的商品架，並從中拿起內心覺得最可愛的米飛兔圖案包裝時……

我那無處可藏的「角色愛」馬上就被滿足了。

能夠給予自己深藏在內心底層，卻長期受到壓抑的角色愛滿滿的肯定，這讓我感到十分雀躍。

在此，我希望各位注意到的重點是，護手霜是「有使用期限的消耗品」這點。

而且，護手霜對我而言「本來就是生活中的必需品」。

換句話說，我們可以透過購買「日常生活中本來就會用到的消耗品」來滿足對角色的愛，這樣不僅不會增加額外的東西，還能把買來的東西確實用完，可以說是一舉兩得。

但如果是那些沒有使用期限，也不是日常生活必需用品……例如小收納包或書衣書套，這些東西可以買嗎？

不知各位是否有過「因為怕不小心弄髒，所以決定好好收起來」，或是「想留著等到特殊場合再用」，結果最後連這個東西的存在都被忘得一乾二淨的經驗？

然後在不知不覺之間，再度陷入同類型物品慢慢增生的惡性循環當中……

像我這種買了周邊商品卻捨不得用，也捨不得丟的人，唯一有信心能用完的東西，大概也就只有護手霜了。

畢竟護手霜有明確使用期限，不趕快使用就會變質導致浪費。

「角色造型餐具」所暗藏的危機

上述原則的基本條件是必須「全部用完」。

即使護手霜是日常生活中本來就會用到的東西，但如果一次囤個三、四條，那麼也是本末倒置。

加上喜歡的角色可能也會隨著時間改變，所以我會避免囤積不必要的庫存，堅持「每次只買一條，在完全用完之前不再購買其他備品」。

最重要的是，因為已經透過選購生活中的消耗品來滿足自己的「角色愛」，所以在購買其他長期使用的物品時，就應該慎選適合自己現在生活風格的經典款式。

舉例來說，看到角色造型餐具時，如果是以前的我，只要出現「好想要」的念頭，就會立刻拿去結帳。

但現在的我已經學會先深呼吸，告訴自己：「因為我對這個角色的愛已經透過護手霜得到了滿足，所以不需要連餐具也買相同造型的。」

餐具是會長期使用的物品，應該選擇那些久看不膩，且能輕易與其他碗盤搭配使用的簡單款式。如果真的想買周邊商品，還是以能在短期內使用完畢的消耗品為優先選項。

只要能在心裡明確區隔用途，便能大幅阻止自己「敗給衝動購物的慾望，買下最後根本用不到的東西」的機率。

邊想像著「下次要買什麼角色的呢？」
邊享受著使用現在手上的消耗品

7

基於「身為粉絲」的責任感而盲目地購買周邊？

打從出生以來，我就是個不折不扣的宅宅。

我是那種會純粹地因為「好可愛！」、「好想要！」就不小心入坑買太多的人。

不僅如此，我還有一個更大的煩惱，就是……

「身為這部動漫的忠實粉絲，周邊商品怎麼可以沒有全收呢！」

這種出於「身為粉絲的責任感」而做出的購物行為，經常導致我的錢包破洞。

這個症狀最為嚴重的時期，我正熱衷於收集某部美少女戰士動畫的周邊商品。

我之所以會入坑收集周邊，是因為動畫裡出現過的道具後來被做成了迷你玩具。

那些迷你玩具的細節做工之精細，令人讚歎不已！

小時候超級想要、長大後還是懷念到不行的道具，不但在三次元世界中再現，還被製成小巧精緻的迷你玩具，身為粉絲的我實在是感動到不行。

每次出門逛街時，一個一個慢慢把自己喜愛的系列收集齊全，心中的雀躍感實在是難以言喻！

但是，隨著周邊商品無窮無盡的推陳出新，**不知不覺之間，我心裡那種「身為粉絲，新商品不買不行！」、「身為粉絲，當然要把全系列收好收滿！」的「責任感」，似乎變得越來越沈重**。

每當我為是否該買限量又高價的商品，或是體積太大、不方便擺在房間裡的周邊而猶豫不決時，我內心的小劇場就會上演：

「既然是粉絲，捏緊錢包也要買下去才對！」

「這個一定會變成稀有商品，不趁現在買，以後就買不到了！」

然後不斷地在心裡來回踱步，掙扎著到底要不要買。

這樣的日子過久了，漸漸地，我在逛動漫周邊專賣店時，常會冒出「啊！這個我好像還沒買過，那不然就買一下好了」的想法，出於下意識的慣性驅使而將商品放到購物籃裡。

出現這種心態之後，買東西時不再有雀躍感，甚至開始搞不清楚自己到底是為了什麼而買。

在不知不覺間，變成是用「別人的標準」來購物

結果，出於慣性隨波逐流購買的商品，完全沒辦法跟自己精挑細選買來的小吊飾和小玩具相比，我無法拿出像對待「真心喜愛的東西」那樣的熱情來愛惜它們。

「花大把鈔票咬牙買下，結果卻扔在房間角落。『身為粉絲』，這才是應該要好好檢討的吧……」

自從出現這樣的想法之後，每當我遇見喜愛的角色周邊時，

我會先把手輕輕地按在胸口，問問自己：

「你是不是又因為『身為粉絲』，覺得不買不行？」

在我開始這樣捫心自問之後，

「我好像只是因為看社群媒體上其他粉絲都有買，所以才想跟進……」

「我只是以為擁有很多周邊，才能展現對我推的愛……」

「我真正喜歡的是那些精美細緻的小東西，這個好像不太對……」

我學會如何面對自己內在真實的想法。

那時我才終於意識到，我比自己想像中更容易受到所謂的「其他人」影響。

其實，喜歡什麼或熱愛什麼，根本不需要跟別人比較。現在回想起來都覺得自己有些好笑，不應該因為「身為粉絲」或「這個很稀有」這種不知道是誰的標準來買東西。既然要買，就應該買自己發自內心喜愛的東西才對！

對我而言，我最需要的**不是「一直買新商品」，而是「好好珍惜保管現在所擁有的東西」**。

把一路珍藏至今的寶貝好好放入收納盒，偶爾拿出來把玩欣賞，這樣的樂趣根本無法言喻。

試著用眼鏡布把它們仔細擦拭乾淨，或者稍微改變擺放順序……每當看到自己心愛的收藏閃閃發亮地呈現最完美的狀態時，我的心靈也會因此得到滿足。

如此幸福的景象，讓我不禁覺得擺放收藏的地方根本就是我個人專屬的「能量景點」啊！

從「拼命收集周邊」退坑的結果

即使不再拼命收集周邊商品或相關資訊，也不代表已經厭倦或是失去熱情。**我認為，好好珍惜現在所擁有的收藏，也是一項非常了不起的粉絲行為。**

即使不再買新的周邊，但「想要支持心愛作品」的心意仍然不變，還是可以跟同為粉絲的夥伴聊天，也可以參加博覽會等活動，或是光顧主題咖啡廳。**與拼命收集周邊的時期相比，我現在過得反而更充實、更樂在其中呢！**

追動漫或追星真的是件快樂的事，能為每天的生活注入能量，是我的人生中不可或缺的活動。

但如果各位讀者也像過去的我一樣，因過度投入喜愛的事物而感到心力交瘁，只要改變想法、量力而為，按照自己的節奏盡情享受喜愛的事物，心情便會輕鬆許多。

下次逛周邊商品專賣店時，請務必停下腳步，仔細思考自己是否又是因為「身為粉絲」而盲目購物。

出現「大家都有」、「先買再說」的想法時，代表心中已經亮起黃燈警告！

8

如果要買活動限定周邊，請選擇「平面」商品

博覽會中的特展商店、聯名活動的會場限定商店。

每次去看展或參加活動，在逛禮品店時，各位是否也曾有過「想買點跟特展相關的商品回去做紀念，但不知道該買什麼才好……」的經驗呢？

我以前會因為覺得「買小東西應該不會太佔空間」，所以選擇鑰匙圈或徽章之類的商品；或者想說「既然要買，就買實用的東西」，於是買下馬克杯、手帕或小收納包。

然而，收納這些立體商品，其實遠比想像中還要麻煩！

不僅商品的尺寸參差不齊、很難整理，而且每次看完展都會再買新的東西回來，要騰出空間收納簡直是難如登天。

更令人感到無奈的是，我明明是因為「實用」才買，但後來卻又會因為捨不得，或是實際用了之後覺得不比自己慣用的物品好用而束之高閣。

猶豫不決的話就選「L夾」

現在，看完展覽逛禮品店時，我會盡量挑選L夾、明信片、信封信紙套組這類「平面且沒有厚度的商品」。

其中，我最為推薦的是L夾。

選擇L夾作為看展紀念品的好處多不勝數，我覺得**最棒的是管理起來超級方便！**

L夾不但不佔空間，大小也是固定的，收納起來非常方便。

回到家後，只需要把它收到市售的「資料夾收納冊」，輕輕鬆鬆就能完成收納。

此外，選擇L夾還能「滿足收藏慾」。

L夾的大小能讓人定睛欣賞喜愛的圖案，加上設計大多會是活動會場獨家限定款式，非常適合珍藏。

把它們放入專用的資料夾收納冊裡收藏，日後翻閱時，參加活動的回憶彷彿歷歷在目，讓人有種「幸好當初有買」的滿足感。

還有一個非常重要的原因，就是「幾乎每次活動都會出現L夾這項商品，不太會有選擇困難的問題」。

L夾的最大優勢在於，它們是每個展覽、活動的主力商品，幾乎所有活動的紀念品店都會有它存在。

基本上不太會遇到「這次沒有出L夾，只好改買其他商品」的狀況，不必擔心陷入選擇困難。

單個L夾通常日幣五百圓有找，對錢包來說負擔不會太重，這點也很令人開心。

而且要帶回家也很輕鬆，好處簡直多到數不完！

平常用的是普通款

讀到這裡，我彷彿聽到有人問：「問題是，你用的到這麼多L夾嗎？」……

對我來說，這些數量龐大的L夾完全是用來收藏，而不是拿來使用的。

我的意思是說，針對這些收藏用的東西，我是以「為了讓那些容易佔空間的活動周邊商品，能以同種形式方便收藏管理」為原則來挑選。

我把收藏用的資料夾和平常使用的「實用型」資料夾完全分開看待。

我平常慣用的是無印良品最普通的那種透明L夾，沒有任何可愛的圖案。

一次買一組十個，用到舊了再買新的替換。

像這樣根據用途，區分「收藏用」跟「平時用」的L夾，就不必在意「要是弄髒或折到了該怎麼辦……」，讓它們各自發揮自己的功能。

與其囤積「既然要買，就買實用的東西」，然後為了「必須找時機拿出來用」而糾結不已，還不如一開始就清楚劃分界線，決定「這是收藏用的，要好好收到專用收納冊裡，之後再來好好欣賞」，這麼做才是最省事的。

現在就去文具店或百元商店買「資料夾收納冊」吧！

資料夾收納冊

因為尺寸比A4大一點所以可以完美收納L夾！

9 不必再為「旅行紀念品」感到懊悔！

過去，房間裡東西堆得滿坑滿谷的我，最喜歡在旅行時買各種紀念品。

尤其是大學畢業旅行時，對第一次出國（義大利和法國）的我來說，眼前所見的一切都特別美好，所以我在餐費上能省則省，把錢都砸在買紀念品上。當時的我簡直誇張到只要能帶，什麼都想帶回家的程度。

旅行紀念品最大的吸引力莫過於它的稀有性，也就是只能在當地購買，錯過就沒機會了。

在「過了這個村就沒這個店」的焦慮之下，我常常會心一橫，覺得「先買再說」，導致錢包越來越薄。

然而，有次我在回顧旅遊照片時卻嚇了一跳。

我看到一張在艾菲爾鐵塔正下方拍的照片，我的朋友們手上拿著輕便的行李，笑得好開心，一旁的我卻狼狽地抱著一袋塞得鼓鼓、裝滿紀念品的環保袋，笑得一臉尷尬。

因為沒好好吃飯，還得拖著這麼重的行李，我連擠出笑容的力氣也沒有。而且我後來才發現，自己提得重得要命，辛辛苦苦搬回來的瓶裝果醬，居然跟我家附近成城石井超市賣的一模一樣。

另外，我在跳蚤市場買的古董蕾絲披肩滿是灰塵，買回來也不知道該如何處理，堆到最後也同樣變成廢物。

回到家後馬上採取關鍵行動

當時的我以為，只有買很多紀念品才能證明自己這趟旅行玩得足夠盡興。

但是後來我漸漸意識到，旅行真正的樂趣並非如此……

旅行的樂趣不是建立在購物上，我很後悔自己沒有多去體驗當地的風土民情。

有了這樣慘痛的教訓，我幫自己訂下這個原則：

旅行回到家後，必須立刻把買給自己的東西全部擺在地板上排好並拍照存檔。

回顧這些照片可以幫助我找到需要檢討改進的地方，並把這次旅行的購物經驗帶到下次旅行當中。

方法很簡單，就是把買回來的東西分為「裝飾品」、「食物」及「消耗品」三大類，在地板上排好並用手機拍照即可。

只要看著照片，「什麼東西買了多少個」一目瞭然，之後要查找也非常方便。

等到旅行剛回來的飄飄然感慢慢消退，再找個時間好好回顧拍下的照片，問問自己「這次買的旅行紀念品如何？」舉例來說：

「這個點心超級好吃！」

「絨毛娃娃是很可愛沒錯，但好像找不到地方擺……」

「雖然只買了一個玻璃杯，但使用頻率似乎不高……」

用這個方式，找出「旅途中一時興奮買下，實際上欠缺考量的物品」。

回家後以冷靜的觀點檢視，慢慢摸索得出「下次旅行時該怎麼聰明消費」。

「我挑點心跟茶的品味都很不錯，下次出去玩還可以再買這些東西！」

「下次不買絨毛娃娃，改買方便整理的明信片吧！」

「餐具已經很多了，下次盡量不要再買。」

雖然這些都是很小的細節，但如果能像這樣事先訂好原則，下次旅行途中，就能在「這個那個我全都要！」的念頭浮現時，順利踩下煞車。

不再把精力浪費在購物上，旅行樂趣倍增！

訂下紀念品的選購原則後，我去了趟台灣旅行。當我不再把時間浪費在四處搜刮紀念品上之後，我有更多時間可以吃喝玩樂，盡情享受觀光。

雖然很多東西看起來超好買，但我按照自己訂下的原則合理購物，不再什麼都買，有種做到精準購物的成就感。

（雖然我小心翼翼地不讓房間裡的物品增加，但買吃的比例倒是提升不少……）

最開心的是，我不必再像以前那樣，拼命把錢省下來購物，行李也變得輕盈許多。

我在台灣拍的每張照片看起來都充滿活力，笑得特別開心。

這個經驗讓我徹底明白，訂下購物原則絕對不是束縛，而是幫助自己開開心心度過每天的必要過程。

試著訂下屬於自己的紀念品購買原則吧！

10

想衝動購物時就去買「花」

我已經說過八百遍，衝動購物就是不行！不行！絕對不、可、以！但還是會有那種「越說越故意」的人。我懂！

我自己也會有為了滿足「衝動購物的慾望」，而刻意去買東西的經驗。

所以說，衝動購物也是需要原則的。我現在就要傳授「衝動購物的原則」給大家。

我知道很多人會想吐槽：「有原則的衝動購物，才不叫衝動吧！」我理解各位的心情，但請先聽我娓娓道來。

我的衝動購物原則是，「只能買不會留下來的東西」。

會訂下這個原則，是因為覺得既然當初是為了不讓家裡的東西變多，所以得克制衝動購物的慾望，那如果買不會留下來的東西，偶爾衝動一下也沒關係吧。

可以買自己愛吃的零食點心，或是稍微貴一點點的入浴劑。

偶爾把「願望清單」拋到腦後，衝動買點不會留下來的東西，活絡一下經濟也不錯。

正因為「相處時間不長」，所以才沒有負擔

在工作很忙，沒時間做家事，心情莫名其妙沮喪的日子裡，買點東西稍微犒賞自己，也能為心情帶來一些撫慰。

這種時候，我最推薦的衝動購物選擇是「切花」。

要是買了盆花，就得長期照顧；如果只是一時衝動想買東西，我更推薦買切花。切花壽命在夏天能維持三到四天，冬天的話則可以撐到一週，時間到了自然凋謝，不會留下任何麻煩。

以前的我總覺得「買花很浪費錢，很快就凋謝很沒意思」，但最近的我認真覺得這正是買花的好處。

因為我發現，**「不會留下東西」真的能讓自己毫無負擔！**

舉例來說，假設今天「想買適合擺在客廳架子上的東西」。「該挑什麼顏色才好？」、「新的擺飾跟現有的搭嗎？」、「尺寸大小？」等等，必須要考慮的事情非常多。

畢竟這些擺飾會長期存在。

一旦做了決定，這個東西就會一直留下來，仔細想想真的有點麻煩。

但是買花的話，就完全不必擔心這個問題！

不管是要粉紅色、橘色還是紫色的花，只要挑自己喜歡的顏色就好。

無論是想要花俏或是索性豪華點都可以，你想買什麼就買什麼。

因為，不管什麼風格的花，頂多相處一個禮拜而已。

抱著「轉換一下心情」的輕鬆心態，順手買回家就好。

可以到附近花店或超市花卉區逛逛，光是挑一兩朵自己喜歡的花帶回家裝飾，就能讓心情煥然一新。

即使沒有漂亮的花瓶，也可以用空瓶或寶特瓶代替，換水也只需要在早上出門前順手完成，不算麻煩。

用花朵稍微妝點空間，為日常生活帶來色彩，讓人湧現出「想要變得更好」的心情，增加做家事的動力。

像是「晚餐幫自己加一道菜」，或是「稍微整理一下櫥櫃好了」等等。

平常覺得「隨便啦！」而想擺爛的時候，只要想到「現在家裡有漂亮的花……」，就會產生「不然今天就再多努力一點」的動力。

當你下次又想衝動消費時，就去花店看看吧！一定可以遇到那朵讓你心情煥然一新的美麗花朵。

過度忍耐是大忌！
衝動購買「不會留下來的東西」，稍微喘口氣吧♪

第 2 章

再也沒有「捨不得用」這回事！

妥善運用現有的物品，不再只是「擺著積灰塵」

各位家裡有沒有那種「好可愛捨不得用！」
可愛的化妝品♡
就這樣堆在角落一直沒有使用的東西呢？
放了好多年完全沒用
甚至擺到最後壞掉？
變色
擦了以後皮膚會癢
卡住打不開
登愣～
這才是真正的浪費！
「捨不得病」
這是我從還是小學生時就染上的惡習
例如當時我帶去學校用的筆袋是這種超普通的款式
普通～
丹寧材質
裡面的文具也很普通
而問題則是出在……

其實家裡還有
「收藏用」的筆袋！
閃閃發亮～
鉛筆套
HAPPY LIFE
超多貼紙
立體貼紙
果凍貼紙
有圖案的鉛筆
可愛的橡皮擦
草莓
喜歡的可愛文具
我通通都捨不得用
要是用了
肯定就會髒掉
哇～
喜歡的東西
光用看的就很
滿足……♡
不想把
自己的寶貝
帶去學校
要是弄丟了
或是用壞了
怎麼辦……！
所以我特地
準備了另一套
「平常用」
的文具
這個弄髒
也沒關係
就這樣
20年的歲月
過去……
啊～
發現好懷念的
東西！

「收藏用」的筆袋裡面變得很可怕…！
鉛筆筆芯變成粉狀…！
粉碎
粉碎
貼紙變色！
橡皮擦…竟然融化！
果凍貼紙
泛黃
黏
黏
嗯…
早…早知道會這樣
當初就應該好好使用它們才對…！
嗚
嗚
嗚
既然這些收藏品不用就會變質
還是拿出來用一用吧…
這就是為什麼現在的我
會慢慢地去消耗之前收藏的東西
明明紙膠帶的收藏數量不斷增加
看到圖案可愛的就忍不住想買
但卻一直找不到機會使用
撕～
要在黏性消失前趕快用掉！

開始認真使用這些收藏之後，我重新發現它們的魅力
用紙膠帶包裝既可愛又好撕好方便♪
素面的還可以用來取代空白標籤！
貼在檔案夾
明信片
貼在收納箱
點心
再也不用特地去買「平常用」的膠帶了
透明膠帶
標籤貼紙
而且這些收藏還能在意想不到的地方大展身手！
便當用的隔菜杯亂七八糟好難整理……
對了！
可以把我收集的那些糖果罐拿來當收納盒
當時想著「以後可以用來收藏重要東西」而沒丟的罐子
COOKIES
哇～好收納又可愛！
還好沒有跑去買專用的收納盒♡
把收藏拿出來用比我想像中還要開心…！
這個章節當中我會跟大家分享好好利用這些收藏的方法和規則！
想想看還能把它們用在哪裡！

1 刻意把「收藏」拿出來用，竟然發生意想不到的好事！

過去有段時間，我和一位很照顧我的友人有書信往來。以下是我去文具店選購信封信紙套組時所發生的事。

在拿起「花色看似相對安全牌的季節花卉信紙」的瞬間，我突然想起自己其實已經收集了一大堆信封信紙套組。

糖果盒裡，明明還躺著一大堆比這些花色是安全牌的花卉信紙，還要漂亮好幾倍的套組啊！

真的要說的話，數量甚至多到連蓋子都快蓋不起來了！

為什麼不拿出來用，還特地跑來買新的呢？

因為當時的我認為，**「那些收藏的套組全都是我的寶貝，用了就會消失，所以不可以用！」**

「心愛的信封信紙套組，就是要保持連包裝都套著沒拆的完整狀態，這樣才是最棒的！」

過去的我一直都是抱持著這樣的想法。然而，被我塞進盒子裡不見天日，真的是這些信封信紙套組最好的歸宿嗎？

仔細想想，我已經好久沒有把它們「從盒子裡拿出來好好欣賞」了。

面對這種狀況，我實在也沒臉說自己有「好好珍惜這些收藏」。

充其量不過只是「囤了一大堆紙」罷了。

如果繼續像現在這樣，明明家裡已經有一堆未拆封過的套組，卻還是買新的、花色相對安全的信紙來用，庫存只會越來越多。

盒子被塞爆也是遲早的事。

既然如此，我想用心愛的信封信紙來寫信！

於是，我決定挑戰「把收藏中能當成『實用品』使用的東西刻意拿出來用」！

哪些是可以「當作實用品使用的收藏」？

以信封信紙套組為例，那些設計感強、文字書寫空間較小的信紙，並不適合當作實用品使用。

對我個人來說，沒有畫線的信紙不方便書寫，因此我也不會將這種信紙視為實用品。

不需要強迫自己使用這種信紙，你可以繼續把它們當作收藏。

相反地，如果文字書寫空間大，也有明確的格線，即使線的周圍有圖案也不會影響書寫，那麼這種信紙就可以當作實用品，大大方方地拿來使用。

我先用上述方法篩選出「留著當作收藏的套組」，繼續收在糖果盒裡好好保存。

至於「可當作實用品使用的信封信紙套組」，我決定把它們收在方便取用的書桌抽屜裡，以便慢慢消耗掉。

如果還是覺得用掉很可惜，可以從套組中抽出一個信封、兩張信紙收藏保存。

這麼做會讓人覺得「已經預留好收藏用的量」，剩下的就可以放心當作實用品使用。

後來，當我要提筆寫信給那位很照顧我的友人時，就會從篩選為實用品的信紙信封中，挑出認為對方可能會喜歡的設計來使用。

我稍微大膽地挑了一款風格怪奇的妖怪圖案信紙，沒想到對方非常喜歡，還特地在回信上告訴我：「這信紙選得真好，很對我的胃口！」

對方用了超可愛的貓咪信紙回信，我感覺彼此的距離似乎因為信紙的關係拉得更近。

我內心著實因為「還好沒跑去買那款花色無聊的信紙！」而感到雀躍。

使用可愛的東西，心情也會跟著變好

除了信封信紙套組之外，許多收藏品也可以轉為實用品使用，例如：

- 包裝禮物時，可以利用現有的點心盒和包裝紙，不僅能夠提升禮物的可愛度，而且無需額外添購專用包材！
- 同樣圖案的明信片如果有很多張，只需保留一張就好，剩下的可以用來當留言卡，省去額外購買便條紙或便箋的開銷！
- 大量的便條紙可以每種圖案各留一張，收在信封裡保存，剩下的用來書寫日常購物清單，圖案可愛的話，心情也會很好！

● 收集已久的紙膠帶，素面的可以用來取代標籤紙，有圖案的則適合用來裝飾手寫信或禮物包裝。

用這樣的方式，將長期閒置積灰塵的收藏品轉為實用品使用，也能重新感受到這些收藏們的真正魅力！

當我為這些收藏已久的信套組、便條紙和紙膠帶找到各種用途，並將它們物盡其用時，成就感和神清氣爽的感覺，實在是難以言喻。

購物只需一瞬間，但要物盡其用卻需要好一陣子。

一旦認清這點，就不會再買多餘的東西了。

能轉為實用品使用的收藏品，請盡量用好用滿！

2

讓「閒置的馬克杯」派上用場的好方法！

你的家裡是否也有好幾個閒置的馬克杯，靜靜地沈睡在某個角落呢？

說到馬克杯，不僅挑選自己喜歡的款式時總是令人感到愉快，也很適合當作禮物，因此常會收到別人贈送的，家裡的庫存總是會在不知不覺中越積越多。

雖然最理想的狀態是把喜愛的馬克杯擺在收納櫃裡一字排開，像咖啡廳一樣，每天根據心情選用不同的杯子……但實際上，到頭來每天用的往往都是同一個。

我平常用的是IKEA一個日幣199圓的馬克杯。（因為它很堅固耐摔，大小又很剛好……）

那麼，閒置的馬克杯該怎麼處理呢？答案是放進**冰箱**！

我家冰箱的冷藏室門架上，放著三個嚕嚕米馬克杯和一個Marimekko的無把手矮馬克杯，總共四個馬克杯。

可能有人會感到困惑，「為什麼要放冰箱？」但我告訴各位，馬克杯放在冰箱不但超合理，而且還很方便！

三個嚕嚕米馬克杯在冰箱裡發揮了很大的作用，其中一個用來**「放在冷藏門架上，讓軟管調味醬立正站好」**，剩下兩個則是**「放在蔬果室裡，讓小黃瓜和紅蘿蔔立正站好」**。

Marimekko的無把手矮馬克杯被我**「放在冷藏室門架上，用來裝沾生魚片的山葵醬包、醬油包，以及搭配納豆的黃芥末醬包等」**。這些用途聽起來樸素無華，卻在冰箱裡發揮了很大的功能。

這些馬克杯們以前靜靜地躺在廚房的抽屜裡。

其實，就算沒有拿來使用，只要有個展示用的櫥櫃應該也會很棒。問題在於我家的廚房很狹窄，沒有多餘的空間……

當我在想「既然沒辦法展示杯子，就思考看看可以怎麼利用好了」的時候，靈光一閃想到的點子正是「讓沈睡的馬克杯在冰箱中發揮收納的功能」。

「通通立正站好」，冰箱看起來既乾淨又清爽！

以前每次打開冰箱，軟管調味醬總是東倒西歪，看了就心煩；每次做菜時，已經開封的跟未開封的調味料通通混在一起，這也讓我感到很煩躁。

我曾經用過百元商店賣的可置掛於冰箱門架，一組三入的調味料收納架。但麻煩的是，每當又買了新的調味醬時，就得再添購新的收納架……

就在我為此煩惱不已時，突然想起那些閒置的馬克杯。

馬克杯的形狀剛好可以讓食材或軟管調味醬通通立正站好，而且只要直接放進冰箱即可，使用起來相當方便。

我把眾多軟管調味醬中最常用的三條放在調味料收納架上，偶爾用的和未開封的新品則直立放入馬克杯中。

軟管調味醬再也不會東倒西歪，冰箱裡的調味料也一目瞭然。

自從發現馬克杯的好用之處以後，現在冰箱裡只要有食材需要直立收納，我就會拿出馬克杯。

像是拿來讓很容易在蔬果保鮮室裡滾來滾去的小黃瓜和胡蘿蔔立正站好；或是在環顧冰箱空間後，把專程帶回家卻常常放到忘記的小包裝山葵和黃芥末醬包就定位。

用馬克杯收納最大的優點，莫過於它隨心所欲的使用方式。

專用的收納道具雖然方便，但通常功能單一，無法找到其他用途，所以當狀況生變時，原來的道具就派不上用場了。

但如果用馬克杯收納，當軟管調味醬不多，或冰箱裡沒有需要直立收納的蔬菜時，只需再把杯子從冰箱裡撤出即可。

當然，只要好好清洗，馬克杯也能回歸原本盛裝飲料的功能，完全不必擔心。

最重要的是，當我看到本來躺在抽屜裡的馬克杯們，終於能在它們的新家大展身手，這讓我感到非常開心。

如果你發現家裡藏有「很喜歡但閒置的物品」，請務必幫它們找出「新的用途」，看看能運用在哪些地方。

我相信，它們肯定能在你意想不到的地方發揮功能。

打開冰箱就能看到心愛的杯子，
心情也會變得很美麗！

3 「有點奢華的消耗品」更應該盡量使用

記得曾經有人送我一個包裝非常可愛的化妝品。

它可愛到讓人完全捨不得用，我忍不住想把它珍藏起來。

然而，我已經下定決心不要再捨不得用那些「有點奢華的消耗品」，而且發誓要在保存期限內盡量把它們用完。

「包裝設計可愛到讓人捨不得拆封」的東西，可以先用手機拍下照片留念，然後趁早打開使用。

刻意將「捨不得用」的東西放在客廳茶几等醒目的位置，為自己創造出不得不趕快拿來用的情境。

東西放著不用，等到過期了不得不丟棄，才是真正的「浪費」。

會有這樣的體悟，是因為以前的我有超級嚴重的「**捨不得病**」，幾乎所有東西都會被我放到過期。

本來應該是令人嚮往的「粉紅泡泡入浴劑」……

捨不得病很嚴重的我，之所以會有所改變，是因為發生了一件和入浴劑有關的事情。

高中時，我最大的興趣就是去藥妝店尋找可愛的入浴劑，尤其熱衷於收集閃閃發亮的寶石形狀，以及玫瑰花形狀的瓶子。

我當然捨不得把它們拿出來用，而是將它們展示在書架角落，偶爾心血來潮時拿出來欣賞一番，觀賞粉紅色液體在瓶子裡緩緩流動的景象。然後沈醉在「雖然現在用的是巴斯克林（編註：日本知名入浴劑品牌，售價相對平易近人）的入浴劑，但是總有一天，我一定要用這款來泡個粉紅泡泡浴～」的美麗幻想當中。

然後，隨著時光流逝，入浴劑就這樣被我供在書架上過了十年。

原本粉紅色的入浴劑早已被陽光曬到變質，液體變成有點混濁的橘色，瓶身還蒙上了一層灰，看起來慘不忍睹……

就連捨不得病重症患者的我，都認為「已經變質成這樣，看來只能丟掉了」。但是當時的我突然冒出一個想法……

「要是把它拿來泡澡會發生什麼事呢？」

我實在按耐不住好奇心，忍不住把這謎樣的液體倒入浴缸。

結果，**雖然洗澡水沒有任何顏色，飄出的味道卻十分驚人！**

瓶身明明寫著「大馬士革玫瑰香」，但聞起來卻有股像是塑膠或指甲油的味道，總之就是一股刺鼻的「化學味」，而且氣味強烈地直衝腦門，相當不妙！

洗澡水不但完全沒有起泡，而且還變得黏糊糊的。

一整缸黏黏滑滑、充滿化學怪味的洗澡水，說實在真的有夠噁心。

早知道會變成這樣，當初真應該趕快打開來用……

要是十年前打開來用，就能盡情享受夢幻的粉紅泡泡浴了。然而，現在後悔也已經來不及了。

邊看著這缸「黏黏臭臭的洗澡水」，邊在旁淋浴沖澡的我，暗自下定決心：「以後這種有點奢華的消耗品，我都要趁早打開來用……」

在此之後，唯一動搖過我意志的，是一條母親送給我，前端有著立體貓頭造型的PAUL & JOE唇膏。但在我想到：「要是現在不用，十年後會再度後悔的！」之後，才終於突破心防，好好地把唇膏打開來用光。

以前的我總覺得「要把東西保存在剛收到時的完整狀態」才叫做「珍惜」。但是現在，面對消耗品時，我認為能在保存期限內全部用光，才是真正的「珍惜」。

把「先打開再說」當成口訣。只要開封過後，使用門檻自然就會降低！

4

明信片、傳單、票券，聰明收納各種「紙類」

我從以前就很喜歡收集各種「**紙類**」。

舉凡明信片、展覽門票票根、電影傳單、糖果點心的包裝紙、紙袋、雜誌剪報、商店小卡、免費刊物或各種小冊子……

每次跟別人談起我喜歡收集紙類時，對方常會問我：「紙類該怎麼收納才好？有沒有什麼方便收納的好物呢？」

但其實我並沒有什麼特別的整理妙招。

針對紙類，我只概略分為「明信片」和「展覽傳單」兩大類，「**如果是明信片，就收進明信片用收納冊」；「如果是傳單，就放到A4收納冊裡」。只要將它們各自歸類到合適尺寸的收納冊裡，就能成為了不起的收藏！**

嚴守三大原則，收納冊不再爆滿！

但我想應該還是有很多人會有「明明都已經收進收納冊了，為什麼還是一樣很亂？」的煩惱。（我懂，因為我以前也是這樣！）

讓我猜猜，你是否正面臨以下狀況呢？

- 收納冊無限增生，數量多到沒地方放。
- 明明收納冊都有貼上標籤分門別類，卻還是常常發生「那張明信片到底收到哪去了？」這種找不到東西的狀況。
- 常常想著「晚點再歸類」，暫時先把東西隨便丟在桌上，等到發現時已經折到或是髒掉，超級心痛！

這些煩惱的背後，其實都指向同個原因。

那就是……「整理過頭」！

你是不是在養成將各種紙類歸類放進收納冊的習慣之後，**就不管三七二十一地把所有東西通通都塞進收納冊？**

如果不去思考「該把什麼樣的東西放進收納冊」，那麼無論你的收納冊有多好用，都無法妥善發揮收納功能，淪落到無法稱之為收藏的地步。

本來想好好地將喜歡的東西珍藏保管，卻因為沒有過濾篩選而變成雜物，失去了收藏的意義。

為了避免這樣的情況發生，我認為收藏紙類時，最重要的是「在歸類前先做好篩選」這個把關動作。

接下來就為各位具體介紹，我在使用收納冊時所遵守的幾個原則。

原則①
檢查想收藏的紙類當中，是否有「可以電子化」的品項

舉例來說，「在很漂亮的店裡拿到的精緻店卡」。

「卡片本身的設計跟紙質觸感都令人愛不釋手，忍不住想永遠珍藏起來！」

「我的興趣就是逛街巡店，喜歡收集店卡留做紀念！」

如果是上述情況，無需猶豫，直接把店卡收進收納冊裡珍藏保管吧！

但是，如果純粹是「想記住店名和地址」的話，我會建議直接用手機把店卡拍下來，以電子檔的方式保存就好。

在這個情況下，你想保留的是寫在店卡上的「資訊」，所以就算不留下紙本也沒關係。

只要遵守「可以電子化的通通拍照歸檔，剩下的才收進收納冊」這個原則，便能有效減緩紙類收藏增加的速度。

尤其是我們在路上常收到的免費派發刊物，其實大部分都能用電子歸檔。在把東西收進收納冊前，別忘了要先仔細檢查。

原則②

每集滿一本收納冊時，重新檢視內容物

單獨一張紙雖然很薄，但當收納冊放滿時，份量卻也不容小覷。

如果一本收納冊被塞滿，馬上就再去買下一本新的，沒過多久，房間就會被滿坑滿谷的收納冊塞爆。

為了防止這類慘事發生，必須先重新檢視收納冊裡的收藏，判斷是否真的該添購新的收納冊。

我會在下一章為各位詳細介紹有關檢視的技巧。**首先，要將整本收納冊的內容**

物全部拿出來排在桌上或地板上，從中挑選出「喜歡」的東西。

「咦？這個居然還留著？」屆時你應該會發現一些顯然已經失去興趣的東西。只要把這些抽換掉，本來塞得鼓鼓的收納冊就能釋放出額外的收藏空間，不需要急於添購新的。

每集滿一本收納冊時，就必須針對內容物反覆進行篩選，只留下一本「全部都是最喜歡的寶貝！」的終極收藏。

原則③ 將「尚未集滿的收納冊」集中成一本

「有很多本分類精細的收納冊，但是半數以上都沒有集滿」，我猜這也是喜歡收集各種紙類的人常會遇到的情況。

如果把這些**「沒能集滿一本收納冊的收藏們」**通通集中成一本，看起來會清爽許多。以我自己為例，我有一本收納冊，前半部收集包裝紙；後半部收集紙袋，一整本用好用滿，多餘的收納冊就可以淘汰掉。

此外，我會將展覽傳單和門票票根彙整在同一頁收納。

做到這個程度之後，只需要再留意標籤的寫法就完美了！貼在收納冊上的標籤，不需要特地準備專用標籤，直接用油性筆寫在素色紙膠帶上就可以了。

比起漂亮，能幫助我們掌握「收納冊裡面有什麼」才是標籤最重要的功能。過於複雜或是英語標記，又或者只寫出「紙類①」、「紙類②」這種模糊不清的標記方式，實在很難讓人一眼看出內容物有些什麼。

像是剛剛我所提到，同時擺放包裝紙和紙袋收藏的收納冊，標籤只要直接寫出「包裝紙．紙袋」，簡單明瞭一看就懂。

如果能一眼看出「哪一本收納冊裝了什麼」，不但可以毫不猶豫地收納好新的東西，還能做到完整保存，不會折損或弄髒珍貴的收藏們。

相信讀到這裡的你，已經化身成為了不起的紙類收納大師了！

現在就來動手製作看看
充滿「真愛收藏」的夢幻收納冊吧！

5

終結亂七八糟、東倒西歪！展示收藏的小技巧大公開

聽到「展示收藏的方法」時，大家最想知道的莫過於「如何時尚地展示收藏」，對吧？

過去不擅長整理，房間又常亂到無法無天的我，唯獨對於「如何時尚地展示收藏」這點特別有興趣。

我曾模仿室內設計雜誌上的做法，嘗試將收藏的鑰匙圈展示在軟木塞板上，或是思考小公仔們的擺放順序等等……

但無論我再怎麼努力，總是撐不到三天就被打回原形，從來沒有成功過。

其中，讓我最為煩惱的是以下三件事。

- 只要把收藏擺出來，房間就會看起來很雜亂。
- 即使排列整齊，也很快就又東倒西歪。
- 清潔起來很麻煩，稍微偷懶就堆滿灰塵。

如果你也有同樣的煩惱，就請跟著我一起重新檢視「展示收藏的方法」吧！

以「方便清潔」的展示方式為目標

可能有讀者會抗議：「欸不是呀！我想知道的是『怎麼擺看起來比較時尚』啦！」

但我必須鄭重地告訴各位，**先學會「方便清潔的展示方式」，保證以後日常的清潔工作會輕鬆很多，強烈建議大家一定要學起來！**

我本人就是最好的範例。目前我清潔收藏們的頻率大約是一週一到兩次，只需要用迷你除塵撢輕輕拂過就大功告成。打掃變得輕鬆，省下來的時間剛好可以用來思考怎麼做才能將收藏擺設得更有美感。

看到這裡，各位是否也萌生出「那我也來試試看」的想法了呢？不必再擔心「寶貝收藏又蒙上灰塵……」讓我們一起成為擅長「方便清潔的展示方式」的達人吧！

而在「方便清潔的展示方式」當中，最重要的是「避免將收藏展示在生活空間」。

我所謂的「生活空間」，是指例如桌子上、椅子上、經常開開關關的門窗旁、地板或走道這類**「人的行走動線或頻繁使用的空間」**。

如果將收藏陳列在上述這些地方，不僅生活起來礙手礙腳，還可能會妨礙到自己做事。雖然應該不太會有人直接把整排公仔大喇喇地擺在桌子正中央，但後來我才發現，默默入侵「生活空間」的收藏其實不少。現在讓我們一起重新檢視周遭。

舉例來說，你是否會用小公仔或擺飾，把書架前的小空間填滿呢？

如果這樣擺，每次想把書本拿出來時，就得先把公仔暫時移到一旁才能順利取出，老實說有點麻煩吧。

如果你能順利克服「有點麻煩」的障礙，心甘情願地將公仔移開再放回去的話，那當然沒問題。偏偏我就是那個嫌麻煩，懶得把公仔擺回原位的人。

當收藏品亂入到你的「生活空間」裡，從此家裡就會變得越來越亂。

為了防止這種狀況發生，建議大家要先在房間裡實際走動看看，掌握好自己的生活動線，確保自己的「生活空間」。

接下來，請試著把生活空間以外的空間設定為「收藏展示空間」。

我根據上述原則，決定好房間裡的三處「收藏展示空間」。

- 玻璃門展示櫃
- 門櫃上方
- 桌上抽屜收納盒的上方

在決定好的範圍內盡情展示自己心愛的收藏，光是想像就很令人心動。

「展示空間」是專屬於收藏品的空間，所以我會以完全不把生活空間用的日常用品擺進這個空間裡為原則。

將「展示空間」和「生活空間」徹底區分開來，不但能保持清爽的「生活空間」，生活動線也順暢多了。

從今以後，再也不必擔心在拿取東西或活動時碰撞到收藏。

留意「質地光滑」和「尺寸迷你」的物品

決定好展示空間後，下一個重點是**「展示方便清潔的收藏」**。

首先，我想請各位把注意力放在你想展示的收藏的「材質」。

各位想想，鬆軟蓬鬆的布娃娃和質地光滑的陶偶相比，絕對是質地光滑的陶偶比較不容易髒吧。

陶器、玻璃、木製品等質地光滑的物品，就算蒙上灰塵，只要稍加擦拭便可恢復原本的光澤，是可以安心展示的收藏。

當然，能肆無忌憚地展示心愛的收藏是最為理想的，但如果你想展示的收藏中有質感光滑的物品，那麼我會建議各位把握這個「讓清潔工作變得輕鬆的大好機會」。

此外，根據物品的類型不同，也必須以不同的方式來展示。

以迷你玩具、飾品等尺寸較小的東西為例。

如果把這些小東西直接擺出來的話，很容易就會不見，而且一個一個逐一擦拭保養也相當累人。

像這種「尺寸迷你的物品」，可以集中放在透明的收藏展示盒中，既不必擔心遺失，清理時也只需要擦拭展示盒表面即可，省下一個一個擦拭保養的工夫。

透明收藏展示盒有很多種，我個人非常推薦無印良品的「可堆疊壓克力盒」。

由透明壓克力製成的淺抽屜，大小非常適合用來展示迷你收藏；加上設計簡約，放什麼東西都很得宜，是萬用的收納好物。

而且，無印良品的壓克力外觀是真的很漂亮！

以往胡亂擺放的迷你收藏，如今一字排開陳列在展示盒裡，閃閃發亮的光景，讓人看了內心澎湃不已。

「想把這份感動延續下去！」的心情，也會提升清潔工作的動力。

在展示心愛的收藏時，試著講究「清潔方便度」吧！

6 刻意將收藏們「裝箱保管」

上節當中，我們已經學會如何決定收藏的「展示空間」，以及只擺設方便清潔的收藏。

那麼，沒有拿出來擺設的收藏又該怎麼辦呢？我的建議是，把它們收進附門的櫃子裡，或是收進盒中「裝箱保管」。

過去的我要是知道「自己大費周章收集來的可愛收藏，竟然要被收到看不見的地方」，肯定會覺得很可惜，沒有辦法接受。

但仔細想想，把收藏收起來保管，真的是件可惜的事嗎？

現在的我不這麼認為。

我之所以會轉念，起因於決定將自己最喜歡，也一直擺設出來的森林家族玩偶裝進點心盒裡「收起來保管」這件事。

我非常喜歡收集森林家族玩偶，以前的我會把收藏的玩偶大量陳列在附玻璃門的展示櫃裡。

但是，每當我在房間裡走動時，產生的微幅震動很容易就會讓這些小巧可愛的玩偶變得東倒西歪。

因為這樣，我的展示櫃裡永遠都有玩偶滾來滾去，看起來慘不忍睹……

即便如此，我還是很想繼續展示它們，原因除了「我熱愛森林家族，想要一直看到它們」之外，另一方面，我內心深處也認為「如果不展示它們的話，收藏就沒有意義了」。

明明是因為覺得「好可愛」、「好喜歡」才熱衷的收藏，卻也時常會因為「又買了一堆沒有用的東西……」而感到內疚。

而把收藏「展示」出來的行為，彷彿是在強調「我不是光收集而已，我可是有把它們展示出來」，意圖幫自己找到「購買的理由」。

對當時的我來說，把收藏收到「看不到的地方」，幾乎就和「徹底失去收藏的意義」劃上等號。

然而，繼續這樣展示下去，玩偶可能會在滾來滾去的過程中受損，陽光曝曬也很容易造成玩偶褪色……

為了緩解收藏受損的焦慮，我心一橫，決定把所有玩偶通通打包，收進空的點心盒裡。在完成收納後，我的心中鬆了好大一口氣。

「終於不用再擔心玩偶滾來滾去摔壞，也不必再煩惱會不會褪色了！」

只要是你「喜歡」，覺得「可愛」，就足以成為擁有它們的理由。

不需要強迫自己硬把收藏展示出來。

意識到這點之後，我發現自己似乎在心裡默默地對這些好好躺在盒子裡的玩偶們說：

「你們沒有任何用處也沒關係唷！只要陪在我身邊就夠了！」

把收藏收起來保存，遠比展示出來更安全，也更能保護好珍貴的收藏。

你究竟是想把手邊的收藏「展示出來每天欣賞」，還是只想「偶爾拿出來把玩」呢？

試著捫心自問，或許就會意外地發現自己「其實並不需要把收藏展示出來」。

光是「收好」，房間就能煥然一新

此外，選擇將收藏「展示出來」或「收起來」，也會影響房間整體的氛圍。

各位是否曾經覺得自己喜歡的東西與房間整體氣氛不符呢？

我的夢想是擁有一個充滿粉彩色調，搭配北歐風格木質傢俱，散發自然氣息的居家空間。

與此同時，我也同樣熱愛那些閃閃發亮的雜貨、色彩鮮豔的動漫周邊商品！

同個空間如果展示了截然不同風格的收藏，營造出來的氣氛會十分混亂，帶給人雜亂無章的印象。為此我煩惱許久。

要解決這個問題，必須先回頭問問自己：**「是想把收藏展示出來每天欣賞？還是偶爾拿出來把玩就好？」**

把色彩鮮豔的收藏收起來，以柔和元素統合房間整體色調，有助於消除空間的雜亂感。

自然氣息的居家空間很能襯托粉彩色調的雜貨，每個雜貨陳列起來都美輪美奐——可以每天眺望如此場景，我真的覺得很幸福！

此外，偶爾把這些平常裝箱入盒的收藏拿出來把玩欣賞，也能度過一段幸福療癒的時光。

每當我從盒子裡取出珍藏的森林家族玩偶、礦石裝飾、閃閃發亮的食玩項鍊時，它們的狀態比我過去拿出來展示時，看起來更加鮮活亮麗。

療癒的時光太過美好，常讓我忍不住看得入迷而忘了時間。

「不強迫自己把所有收藏都展示出來」，正是讓展示的和收起來的收藏，兩者都更耀眼動人的秘訣。

如果你也有「明明展示的都是自己心愛的收藏，但不知為何房間看起來很亂」的狀況，選擇將收藏「收起來」，或許就能有效改善這個問題。

你心愛的收藏，真的非得拿出來展示不可嗎？

第3章

再也沒有「早知道就不買了」這回事！

防止「錢包不小心破洞」的整理秘訣

如果有人問你「你有幾雙鞋？」
你有辦法馬上回答出來嗎？
我想很多人都跟以前的我一樣
沒辦法立刻講出答案吧
嗯…常穿的也就那2~3雙吧
還有一些是偶爾才穿……
沒在穿丟在鞋櫃裡的倒是有一大堆……
亂糟糟
過去的我
但是現在的我可以秒答！
涼鞋×2
運動鞋×2
外出穿的包鞋×1
靴子×2
黑色跟鞋×1
全部總共8雙！
為什麼答得出來呢……
因為我把鞋櫃整理得井井有條！
噹啷～

只要鞋櫃整齊乾淨
自己現在有什麼款式的鞋各有幾雙都能一目瞭然
嚴選8雙！
少了不必要的購物
哇～好可愛～
掰掰～
但是外出用的鞋子已經夠多了今天就先不買
只買比現在有的鞋子還要更好的款式！
汰換升級
喔喔！這雙靴子比家裡那雙還要好走!!
而且還防水！
試穿中
但要是鞋櫃亂七八糟的話…
啊！這雙鞋子好美～
好像可以穿去特殊場合！
但是家裡是不是已經有類似的…？
嗯……？
混亂～
……？

咦…？
本來想跟現有的比較一下再決定要不要買…
怎麼好像出現腦霧症狀…
我到底有幾雙鞋
慘了 完全搞不清楚
沒有經過深思熟慮就隨便買
果然家裡已經有類似的了！
而且這雙也沒在穿
不～
不知道自己有多少東西真的很不方便……！
沒錯…要開始活用購物原則之前
整理
是一定要做的事！
正是如此！（雖然有點麻煩…）
把擺在鞋櫃裡頭的鞋子全部拿出來
排排站
居然有這麼多雙!?
只留下「有在穿的鞋子」
天啊！我居然有這種鞋
空鞋盒一堆…
丟掉
留著

房間乾淨了
購物也不會失手！
今天開始穿新靴子♡
只要認真整理過一次
後續就能保持整潔
早整理早享受
超賺!!
話說回來有些人就是對整理沒轍
「只留下有在用的東西」…!?
不可能…!
我都收集一些沒有用的東西!!
抖
抖
別擔心！只要把自己喜歡的東西留下來就好
只要覺得「喜歡！」就留下來
沒有任何用處也沒關係！
但相對的必須把四散在房間裡「沒那麼喜歡也沒在用的東西」一口氣全部處理掉！
沒在穿的鞋子
沒在穿的衣服
其他雜物有的沒的
空的收納箱
壞掉的東西
接下來我會詳細解說樋口流整理法！
為了掌握手邊擁有多少東西
你要不要也先試著整理看看呢？
前往下一頁
GO！

1 只要好好整理，再也不必擔心「買了後悔」！

各位是否曾有過這種經驗，買了一大堆特價食材回家，打開冰箱後才發現……冷凍庫裡竟然躺著一模一樣的食材？

以前，我的房間還很亂的時候，由於完全無法掌控自己「手邊擁有哪些東西」，所以三不五時就會失手買錯東西。

我舉這個例子是想告訴各位，**「正是因為不清楚家裡到底有哪些東西，不知道自己應該買的是什麼，所以才會不假思索地把眼前覺得便宜的東西通通放進購物車中」**。

當時的我並不明白這個道理，還真心以為「東西永遠不嫌多」，認為擁有的東西越多就代表越富有。

事實上，雖然我擁有很多東西，但這些東西大部分都派不上用場。

以我先前提及的冷凍庫為例，即使冰了一堆特價肉品，如果一直擺在冰箱深處沒拿出來煮，那也沒有意義。

甚至可以反過來說，把有限的冷凍庫空間拿去冰那些沒用的東西，才真的是虧大了。

雖然做菜時，偶爾會出現「要是冰箱裡有肉的話，晚餐就能多一道菜了」的想法，但這種時候永遠會忘記冷凍庫裡還有肉這個事實，等下次看到促銷時就又買了新的，導致冰箱逐漸塞滿根本不會拿來用的食材。

要解決上述困擾，你只需要精準掌握自己「究竟擁有什麼」和「擁有多少數量」。

舉例來說，如果掌握好冰箱裡的庫存，即使看到特價肉品，心裡也會很清楚：「冰箱裡還有庫存，今天只要買可以跟肉一起拌炒的蔬菜就好。」

這樣一來，不僅不會隨便心動亂買多餘的食材，還能精準採購真正需要的東西。

減少不必要的購買，妥善運用手邊現有資源。

這才是最理想的購物方式。

不擅長整理的人往往容易忽略的事

接著就讓我來將掌握手邊現有物品的具體方法傳授給各位吧！

我的建議是，在出門採買前先檢查冰箱庫存。

出門前先用手機幫冷凍庫、冷藏室拍張照，方便確認冰箱裡的庫存。（同理可證，買衣服前也可以先拍下衣櫃的照片，買鞋子前則先拍下鞋櫃的照片）

不過讀到這裡，各位讀者是否發現了一個重點？

沒錯，就是你想的那樣。如果無法將冰箱整理到能一目瞭然的狀態，那麼事先拍照這個方法也派不上用場。

如果你的冰箱內部被一大堆不明食材層層覆蓋，就算拍了照也看不出來到底有些什麼。

這也是我無法察覺冰在冷凍庫深處的肉，而又重複購買的原因。

因此，為了掌握現有庫存，防止不必要的購物，「整理」是絕不可少的步驟。

這裡的「整理」指的是：

①把東西全部拿出來。

②將不要的東西處理掉。

③重新收納。

總共這三個步驟。

像我這種不擅長整理的人，往往會跳過步驟①和②，直接從改變收納方式開始，但這麼做只是治標不治本。

整理的目的並不是把東西從一處移動至另外一處就好，而是要先從減少東西的數量、方便收納開始。

只要從步驟①開始循序漸進，無論是誰都能整理得井井有條！

整理三步驟，從凌亂不堪到井井有條

接下來，我們就以冰箱為例，一起來看看各個步驟的詳細做法吧！

①把冰箱裡的東西全部拿出來

為什麼要特地把東西全部拿出來呢？因為當冰箱塞滿東西時，我們很難判斷裡面到底有些什麼。

只要把冰箱裡的東西全部拿出來，集中在同個地方，我們就能更輕鬆地清點庫存。

②將不要的東西處理掉

- 過期品。
- 不合口味，繼續留著也不會吃的食物。
- 冷凍到變得硬梆梆，根本不知道是什麼的東西。

雖然丟掉有點可惜，但如果一直冰在冰箱，冰到最後你也一樣不會去碰它。不如忍痛清掉它們，把空間騰出來讓給其他真正需要冰的食材。

③重新收納

把賞味期限比較近的食物放在前面，分門別類擺放整齊。收納的方法百百種，與其把食材藏在冰箱深處，我更建議讓它們各個立正站好，以讓食材的種類和數量能「一目瞭然」為目標整理排列。

到這個階段，相信各位都已經練就一眼就能掌握冰箱內容物的本領了吧！從此不再進行沒必要的消費，庫存食材也能確實消耗殆盡，冰箱內部永遠保持乾淨清爽。

過去因為冰箱空間不足而無法預訂的網購甜點，現在終於可以放心訂下去啦！

話說回來，冰箱的整理工作相對單純。畢竟食物有明確的賞味期限，處理過期食物時不會有什麼心理障礙，整理工作大多都能順利進行。

但如果整理的是房間，能輕易說丟就丟的東西應該不多吧！

一邊整理，一邊想著「這個可能還能用……」、「那個丟掉的話可能會後悔……」這種什麼都想留、什麼都捨不得的心情，我真的非常能理解。

下一篇我們再來好好討論這個問題吧！

整理，正是掌握自己所擁有的物品的最佳捷徑。

2 大大方方地把「喜歡的東西」留下來！

「我房間裡的每樣東西都很重要，通通都不能丟掉！」

這是我在學會整理前，最喜歡掛在嘴邊的一句話。

雖然我隱隱約約也有察覺到自己房間裡的東西實在太多，但真的要我「減少物品」的話，一時之間還真不知道該丟什麼。

市面上教人整理的書籍常會告訴你：「沒在使用的東西就處理掉吧」。

我當然也認同書上所說的道理，偏偏對我這種熱愛收集「無用之物」的人來說，這個條件未免也太嚴苛了。

畢竟，如果我把「沒在使用的東西」通通處理掉的話，我喜歡的東西就一樣也不剩了！

在此，我想跟各位分享碰到這種煩惱時的魔法金句。

「只要是喜歡的東西，不必處理掉也沒關係！」

那些你好喜歡的，光用看的就覺得被療癒的東西，或者充滿珍貴回憶的物品。就算沒有具體用途也無所謂，它們的存在本身就是點亮好心情的寶物。像是這些「喜歡的東西」，大大方方地留下來就對了！

那我們真正該處理掉的，究竟是什麼樣的東西呢？

真正該處理掉的，是那些「既不那麼喜歡，也沒在使用的東西」。

我猜很多人可能會想：「我房間裡沒有這種東西啊……？」老實說，在實際檢視過自己的物品前，我也是這樣想的。

不過，俗話說：「喜歡的相反是無感。」

「不喜歡的東西」不見得是「討厭的東西」，但肯定是「無感的東西」。

以前的我，眼裡只看得見自己「喜歡的東西」，根本沒意識到還有這些無感的東西存在。

就是因為這樣，所以才會有「房間裡的東西每樣都很重要，全部都不能丟掉！」的想法。

明確區分「收藏品」和「實用品」

不過，房間裡的東西那麼多，我們又該如何分辨什麼是「不那麼喜歡，也沒在使用的東西」呢？以下就來分享具體做法給各位。

首先，簡單巡視房間，把你所擁有的物品粗略分為「收藏品」和「實用品」兩大類。

例如，出於喜好收集的物品，想當然耳就是「收藏品」。

對我來說，森林家族玩偶、迷你玩具、礦石、胸針、各種紙類、書籍和充滿回憶的物品，這些都被我歸類為收藏品。

其他像是衣服、包包、鞋子、襪子、內衣褲、事務用品及工作用的資料、文具和廚房小物、其他小工具、藥箱和化妝品……

這些稱不上喜愛，但日常生活中用得到的物品，則視為「實用品」予以保留。（以上只是我個人的分類方式。「收藏品」和「實用品」的定義因人而異，如果是「把收集漂亮衣服當成興趣」的人，大可以把衣服歸類為「收藏品」）

只要把房間裡的物品先粗略分為兩大類，過程中你慢慢就會察覺到「兩者以外的東西」的存在。

例如，那些被你堆在房間角落的收納箱。

這是喜歡的東西？實用品？還是……

像這種難以判斷分類的東西，就是我所謂的「既不那麼喜歡，也沒在使用的東西」！

先找出「閒置的實用品」

由於對這個東西完全無感，整理時很容易忽視它；加上堆放在房間角落很多年，久而久之已經把它當成房間的背景。不過，仔細思考就會發現，它們其實非常地佔空間。

我的收納箱裡究竟裝了些什麼呢？

- 用途不明的各種電線
- 組裝式家具附的零件備品
- 穿到破掉的舊家居服
- 已經淘汰的舊皮夾
- 舊手機、使用說明書及包裝盒

盡是些不知所以然的東西。

不瞞各位，打開收納箱的瞬間，我真的忍不住發出「不需要～～～」的悲鳴。這些全都是我當初覺得「好像很重要，先留下來好了……」、「丟掉的話以後說不定會後悔……」的東西。

所以「姑且」暫放在收納箱裡，然後就沒有然後了。

連它們的存在都能忘得一乾二淨，代表我其實一次也沒拿出來用過。

仔細想想，「以前那個裝手機的盒子是被我擺去哪了？」……

這種場景，根本不太可能會發生吧！

既不喜歡，也沒在使用的這種「閒置的實用品」，各位不覺得丟掉正好嗎？

雖然像是舊皮夾這種「本來有在使用的東西」，不能直接被歸類為垃圾的物品，確實會讓人有些猶豫。

不過，既然都已經換了新皮夾，我們就可以認定舊皮夾已經完成它的使命，該功成身退了。

如果你對舊皮夾「念念不忘，充滿美好的回憶」，就應該把它放在更重要的地方好好保管才對。倘若它的存在都已經被你忘得一乾二淨，處理掉也不會後悔。

只要像這樣仔細檢視房間裡到底有些什麼，很快就能找到可以處分掉的東西。

從自己能做到的事開始，整理過程也會變得比較有趣。

「不知道究竟該丟掉什麼，我真的很不擅長整理！」

「我房間裡的東西每樣都很重要，通通不能丟掉！」

如果你也有上述症頭，試著環視看看自己的房間吧！

很快地，你就會發現「不那麼喜歡，也沒在使用」＝「閒置的實用品」這類，連存在本身都被你遺忘的東西。

讓我們從物品減量開始，把房間打造成掌控在自己手中，從此「精準購物」的空間吧！

整理，先從「不那麼喜愛的東西」開始下手。

3

扔掉「整年都沒穿過的衣服」，衣櫥立刻清出八成空間

我在整理房間裡堆放雜物的收納箱時，突然發現**「我房間裡『閒置的實用品』真的是多到爆！」**這個驚人的事實。

無論我打開哪個收納箱，裡頭塞的不是一次也沒穿過的花襯衫，再不然就是沒電的手錶，盡是些捨不得丟，所以先姑且保留下來的雜物。

雖然所謂的「收藏品」即使沒有用途，甚至就算已經損壞，光憑「真心喜愛」也值得保留；但「實用品」就必須以用不用得到來作為判斷依據。

用不到的話就失去了擁有的意義。

處分掉這些「閒置的實用品」，是通往精準消費的捷徑！

請好好檢查如鞋櫃、衣櫃、櫥櫃、廚房、客廳抽屜……

這些「經常使用的居家空間」，看看是否充斥著「閒置的實用品」吧！

拍張照，秒懂「買了也不會穿的衣服」的共同點

我自己是先從爆滿的衣櫃開始著手整理。

當我把衣櫃裡的所有衣物取出，全部集中到同個地方時，我當場就被這排山倒海的衣服量嚇了好大一跳！

接著，我開始一件一件逐一檢視，將它們區分為「有在穿」和「沒在穿」兩大類。

這個階段的重點是，必須定義明確的時間範圍。

我決定只留下「這一年內有穿過的衣服」。

這麼一來，就能排除「雖然現在沒在穿，但說不定哪天會穿」這種定義模糊的品項，把它們和「實際上真的有在穿的衣服」明確區隔開來，判斷起來也容易許多。

如果衣服的狀態還很新，的確會讓人捨不得扔，但反過來想，衣服之所以能保持完好，代表你其實不常穿它。篩選實用品的唯一標準就是「實際有在使用的物品」。

不過，真正讓人猶豫不決的是那些「雖然現在沒在穿，但是外觀可愛到難以割捨」的衣服。

假設你有一件「學生時代買來，設計很可愛的連身洋裝」。雖然未來可能不會再穿，但因為你很喜歡它的設計，所以遲遲無法捨棄……

碰到這種狀況時，我會建議幫衣服拍照存檔。

大部分情況下，只要能拍張照，留下「曾經擁有過這麼可愛的洋裝」這種美好回憶，即使把洋裝處理掉，也會感到心滿意足。（但如果你「無論如何都想把洋裝留下」時，就把它當成「收藏品」吧！）

此外，拍下「沒在穿而決定丟掉的衣服」這個行為，對你下次的購物也會有所幫助。

因為看到這些照片，你就會了解自己「買了也不會穿的衣服」都有哪些共同點。

以我自己為例，

- 花紋很難和其他褲子、裙子做搭配，所以乾脆不穿的上衣
- 必須多層穿搭，還得思考怎麼搭配，嫌麻煩乾脆不穿的衣服
- 雖然很喜歡橘色和咖啡色，但穿起來臉色暗沈，實在不適合自己的衣服

這些問題我在買衣服時都沒發現，但透過了解被自己「丟掉的衣服」的共同特徵，很快就能看清楚問題點。

下次買衣服時，就不會再犯同樣的錯誤了。

即使在店裡看到覺得「好可愛！」的衣服，也很快就會意識到「不過這種衣服我買了也不會穿……」成功阻止無謂的消費。

按照上述步驟，一邊拍照一邊篩選，過濾出要丟掉的衣物，最後只保留「這一年內有穿過的衣服」。

你會發現，數量少到驚人！

「這一年內有穿過的衣服」的數量，居然只佔那座高聳衣服山的兩成而已。

換句話說，有八成以上都是「超過一年沒穿的衣服」。

我之前還覺得房間裡的東西「全部都很重要，一個也不能丟！」沒想到光是衣服就有這麼多要扔的……

沒有穿這八成的衣服，我的日子也是過得好好的。這也代表我其實根本不需要那麼多衣服。

我之所以會買一堆衣服，全是因為我以為自己「一定要擁有各種不同款式的衣服」。

但實際上，**比起每天穿著不同款式的衣服出門，我更喜歡待在家裡欣賞我心愛的雜貨收藏**。

衣服這種東西，不必特別時髦，只要符合自己的喜好就好！

把省下來的空間拿來擺放我心愛的收藏，這才是真正的幸福呀！

透過不斷去蕪存菁的過程，我逐漸摸索出自己真正的需求。
捨棄「閒置的實用品」，就能大幅降低房間內的物品數量。

各位的房間裡，
是否也有沈睡中的「閒置的實用品」呢？

4 「喜歡到捨不得丟」其實只是錯覺!?

雖然說過：「喜歡的東西，不必處理掉也沒關係！」但我心中不免也有個疑惑……**「被我當成『收藏品』而保留的東西當中，會不會其實也有些是多餘的呢……？」**

就是這麼回事。

我之所以會有這個疑惑，是因為我發現那些一直以來被我視而不見的**「閒置的實用品」，數量遠比自己想像中還要多上許多**。

於是我有了這樣的猜測。混在「喜歡的東西」裡的「其實沒那麼喜歡的東西」，說不定其實還有很多，只是我自己沒發現而已……我會不會在無意中，又把收納空間和金錢浪費在這些東西上了呢……

我決定從「喜歡的東西」裡，更進一步篩選出「真心喜愛的東西」，提升自己挑選收藏的精準度！

以為很珍貴的東西，其實……

現在，就讓我以自己的例子來分享該如何進行分類和篩選吧！

首先來看「喜歡的東西」的篩選標準。顧名思義，是以你「喜不喜歡」作為最主要的判斷依據。

如果你手邊的東西無法以「有在使用」或「沒在使用」來判斷，那就根據自己「喜歡」與否，篩選要留下的東西吧！

這種時候，我建議各位先從自己「目前正在收集的東西」開始著手。

因為，對於「以前很著迷的東西」或「充滿回憶的物品」，除了「喜歡」之外，還會有各種複雜的情感，像是「這個以後買不到了……」、「好不容易才收集來的……」等等，而這些都會影響你做抉擇。因此，這類物品最好晚點再來整理。

以我的經驗為例，我是從胸針收藏開始整理的。

我把平常收在不同盒子裡的胸針全部拿出來排在桌上，接著把自己覺得「喜歡！」的胸針挑出來，放到右邊。在篩選的過程中，我很快就發現到，即使所有胸針都被我視為「收藏品」，但我對每個胸針的喜愛程度有很明顯的差異。

我可以毫不猶豫地挑出最珍愛的，絕不想放手的收藏。這些對我來說就是真正的寶貝。不管別人說什麼，只要自己「喜歡」，就把它們留下來吧！

然而，在陸續挑出心目中的幾個寶貝之後，我挑選的速度逐漸開始變慢……

當我拿起這些被挑剩的胸針時，我考慮的已不再是自己「喜不喜歡」，而是陷入了一種「該怎麼處理它們才好……」的掙扎。

舉例來說，挑到這個階段剩下的胸針，大多是這樣的：

- 根本忘記有這個胸針。
- 單純因為便宜而買。
- 生鏽或是褪色，明顯已經變質的。
- 只是因為習慣才留著，根本談不上喜不喜歡。
- 當初覺得「這個胸針『充滿回憶』，一定要留下來做紀念」。

很顯然地，即使它們都被我歸類到「喜歡的東西」當中，但其實還是摻雜不少根本「沒那麼喜歡的東西」。

一直以來，我都把這些沒那麼喜歡的東西「姑且」收在某個地方，但從現在開始，我決定洗心革面。

想要提升收藏的精準度，就必須先狠下心來，處分掉這些「不上不下」的東西。

雖然先前所介紹過的拍照存檔這招效果也很不錯，但還有個更厲害的絕招。

把這些挑剩的東西，與先前挑出的「真心喜愛的東西」做比較。

例如，把我第一個挑出來、最愛的「陶瓷花卉胸針」，拿來和「為了湊免運而買的潮牌仿製胸針」相比，兩者的「喜愛程度」肯定天差地遠。

單獨看這些不上不下的單品時，或許很難取捨，但如果與你最愛的收藏擺在一起，差異就非常明顯了。

你精挑細選的收藏此時看起來更加閃耀動人，而那些不上不下，稱不上是收藏的物品，看起來只會更黯淡無光。所謂收藏，是指你因為喜愛而擁有的物品。如果不是真心喜愛，就失去了擁有的意義。

三個訣竅去蕪存菁，只留下「真心喜愛的東西」

接下來，我要和各位分享幾個篩選「真心喜愛的東西」時的重點。

首先，**已經「磨損變質」**的東西，如果可以透過適當的維修保養改善，就請花點時間好好照顧它們。

即使是變色或鍍層剝落程度已經無法改善的物品，如果你依然覺得「喜歡」，那麼留下來也無妨。但是，看著那些無法修復的收藏，回想起過去它們還很漂亮的時候，心裡難免還是會有點沮喪……

如果看著收藏時，心中「磨損成這樣，真令人不捨……」的情緒已經多過於「喜歡」，那麼就該是它功成身退的時候了。

接下來要解決的是**「出於習慣而收集的東西」**。

這類物品與「因為喜歡所以收集了一大堆」，或者「收集時覺得很開心」有點不同，它比較像是「都已經收集那麼久了，這個不留著好像說不過去……」不曉得各位注意到了嗎？這時候的收集似乎已經變成一種責任和義務。

對我來說，糖果點心的包裝紙、紙袋、包裝緞帶就是這類物品。

當你逐一檢視是否「喜歡」這些東西時，會發現其實並沒有那麼喜歡的佔了大多數。只留下「真心喜愛的東西」，每次打算新增收藏時，都先拿來與精選的收藏做比較，就能有效防止過度收集。

再來就是最容易陷入判斷困難的**「充滿回憶的紀念品」**。

回顧信紙、相簿還有和朋友一起塗鴉的筆記本，對我來說是件非常愉快的事。

不過我認為，不需要有「因為回憶很珍貴，所以每樣東西都要留下來」的想法。應該像處理其他收藏一樣，只留下自己真心「喜歡」的東西。

當你能從大量「喜歡的東西」中，去蕪存菁選出「真心喜愛的東西」時，肯定也能磨練出「挑東西的好眼光」。

現在的你不僅對自己擁有的物品瞭若指掌，還擁有挑選優質好物的眼光。以前那種隨便購物、買過頭或買錯東西的情況，再也不會發生了！

如果不確定該不該留，
就和「真心喜愛的東西」比較看看吧！

第 4 章

揮別「不知不覺又打回原形」的煩惱！

養成讓自己每天心情舒暢的「檢視」習慣

在各位的日常生活當中
有什麼事是會讓你感受到微小壓力的呢？
煩躁
煩躁
壓力
壓力
壓力
壓力
壓力
對我來說…就是穿到穿起來不舒服的家居服的時候！
嗚～～
脖子好不舒服～
坐立難安!!
因為我都是在家工作所以家居服是必需品
但卻遲遲找不到最適合自己的家居服款式
結果乾脆整天都穿著睡衣
越來越邋遢…
也是因為這樣每次只要門鈴響都會讓我驚慌失措煩躁不已
叮～咚～
啊啊啊
請您稍等
沒在穿的家居服越來越多這點也讓我又更覺得心煩
因為不喜歡所以隨便亂丟

然後對於為了這種無聊小事而心煩的自己感到煩躁
哇～
不知不覺陷入煩躁的無限循環
想要擺脫這種狀態…
檢視
正是最有效的辦法！
每半年檢視一次家居服
堆積如山…
沒在穿的家居服
這件穿起來脖子那邊不太舒服
就掰掰囉～
汰舊換新穿得太頻繁而破掉的家居服
破洞～
天啊！這件睡衣居然都穿到破了
房間裡的東西再也不會莫名其妙不斷增加
清清爽爽
比起久久一次大掃除
定期檢視真的輕鬆多了～

更重要的是可以
藉由定期檢視
觀察自己
平常愛用的物品
因為太喜歡
這件睡衣
居然連續
回購3次
說不定我不愛穿
其他家居服
老是穿同套睡衣
是因為
紗布材質
穿起來特別舒服
親膚柔和
超級舒適
將定期檢視時觀察到的內容
納入願望清單裡
「喜歡的原因」
紗布材質的
家居服
穿起來好舒服！
紗布材質的
褲子
就能挑到
適合自己的東西
工作起來
更有效率
突然有人
按門鈴時
也不再慌張
超棒！
叮咚～
來了～
笑呵呵…
以前都不知道！
原來不會
煩躁的生活
如此愜意～
壓力減輕
心靈上的
餘裕增加
打掃完畢
來去
散步吧！

而且
入浴劑的袋子開開關關
常常關不起來…
拉拉
煩躁
有夠麻煩…
拖拖
附的量匙很容易沉到粉裡好煩！
薰衣草入浴劑
薰衣草入浴劑
當你開始察覺到過去沒發現的微小壓力
經過這樣的自我觀察與呵護
把入浴劑裝到把手式收納盒裡！
啪！
哇—
這樣方便多了！
也能讓自己距離無壓力的生活越來越近！
當然還是有些壓力讓我感到無能為力
但是對於自己可以動手解決的
加油!!
就好好地不斷檢討改進吧！
接著就來跟大家分享如何養成檢視的好習慣吧！

1

【每3個月進行1次】檢視不知不覺中無限增生的「襪子」

如果被問到「不是『因為喜歡而收集』，卻不知為何擁有很多的東西」時，各位會想到什麼呢？

對我來說，答案非襪子莫屬。

我的襪子多到幾乎快要滿出衣櫃抽屜，房間角落也常會散落各種單槍匹馬的襪子。以下是我對自己「襪子莫名其妙增加」的原因分析：

- 想說「每天都穿得到」，所以多買幾雙。
- 被整組特價燒到，多買了好幾組。
- 圖案花色選擇多，不小心挑得太開心。

- 很容易找到和平常穿搭截然不同的特殊設計，適合拿來挑戰不同風格。
- 襪口鬆掉卻覺得「還可以穿」，不知道該在什麼時間點扔掉。

而我認為，造成襪子數量龐大的最大主因，就是最後一項「不知道該在什麼時間點扔掉」。

事先定義「扔掉的時間點」

大家是否曾經有過這樣的經驗呢？不小心把已經穿到鬆鬆垮垮，覺得「差不多該丟了」的襪子放進洗衣機，於是乾脆想說「不然就再穿一次吧」？

然後就像這樣穿了又洗、洗了又穿，襪子不斷地在「差不多該扔了」的時間點再次復活。

我自己就囤積了大量這種襪口鬆垮卻「勉強可穿」的襪子。

在舊襪子丟不掉的情況下，又不停地買新襪子，數量當然只會越來越多。

因為這樣，我每次準備出門前，要找襪子穿時都會發現：

「奇怪，另一隻襪子跑到哪裡去了……」

「這雙襪子的襪頭鬆緊帶未免也太鬆了吧……」

要找一雙穿起來舒服的襪子，得像大海撈針一樣找個老半天。常常因為這樣耽擱到出門時間，偶爾快來不及時還得全力衝刺。

像是襪子或褲襪這類「很難抓到汰換時間點」的物品，必須事先定義好週期，定期檢視才行。

我自己是每三個月會檢視一次，在幫衣服換季時，順便檢查襪子的狀態。

定期檢視的目的有兩個，一是「淘汰已經磨損的襪子」，二是「確認添購新品時該買什麼樣的款式」。

首先把手邊擁有的襪子和褲襪全部拿出來，檢查接下來的季節裡會穿到的品項。

如果是準備迎接十月這種比較涼爽的季節，就必須檢查秋天穿的襪子和薄褲襪，找出磨損比較嚴重的。

這裡我們稍微複習一下第一章的內容，這些被你穿到破舊的襪子，足以證明穿的頻率有多高，它們的存在非常具有參考價值。

它們能為我們指引出「就是要買什麼樣的襪子才會常穿」這條光明大道。

「想挑戰不同風格而買的」，到頭來都不會穿

假設我手邊擁有的褲襪有灰色、黑色各兩雙。

相較於穿到起毛球的灰色褲襪，我發現我的黑色褲襪狀態近乎全新。

這代表即使是看似百搭的黑色褲襪，灰色褲襪顯然更適合搭配我現有的衣服和鞋子。話說回來，在我的印象中，每次只要穿上黑色褲襪，確實會覺得「好像哪裡

怪怪的」……

於是，我決定只添購兩雙新的灰色褲襪！

經過檢視，我決定淘汰掉舊的灰色褲襪和沒在穿的黑色褲襪，接下來的秋天就穿這兩雙新買的灰色褲襪。

透過一次又一次的每季定期檢視，找出最適合自己的顏色、設計及最少需求量的過程都十分有意思。

過去我也曾經想過「挑戰看看」，買了和自己平常穿搭品味截然不同的襪子，但後來我才發現自己幾乎不會穿它們，便下定決心不再三心二意。

從無數次定期檢視中找出來的「基本款」，果然才是最適合自己的！

經過反覆定期檢視後，目前我手上擁有的襪子和褲襪只剩下以下幾雙：

- **春秋兩用薄襪**：五雙（藍灰色三雙、深灰色兩雙）。
- **秋冬兩用薄褲襪**：灰色兩雙。

- 冬季專用厚羊毛褲襪：灰色兩雙。
- 冬季專用厚羊毛室內襪：灰色兩雙。
- 婚喪喜慶場合穿的絲襪：膚色和黑色各一雙。

除此之外，原本我還有一大堆各種顏色和圖案的襪子，不過最後我決定根據不同長度，統一該類型襪子的顏色：

- 中筒襪：素面藍灰色。
- 踝襪：素面深灰色。

不同顏色就能一目瞭然，不必擔心「摺起來的襪子打開後，才發現不是自己想要的長度，還得把它們摺回去」的情況發生，非常方便。

而且，同時擁有很多雙一模一樣的襪子，就不必煩惱要找到成雙成對，也不怕弄丟單隻。

雖然剛開始我也有點擔心「數量減少到這種程度真的沒問題嗎……」但後來才發現，控制在最低限度所需的數量，好處其實比想像中還要更多。

當你拉開抽屜，拿到的每雙襪子都很合腳時，不僅能節省許多收納空間，**還能「一眼看出哪些襪子該汰舊換新」**。

如果一整季只輪流穿這幾雙最低限度所需數量的襪子，洗滌的頻率增加，耗損速度也會跟著加快。待季節結束時，你也會覺得「已經穿夠了，可以淘汰啦」。

雖說凡事都有例外，但幾乎大部分的衣物都需要每季汰舊換新。

無需覺得可惜，因為「耗損的程度正說明了你有多常穿」，所以可以用輕鬆愉快的心情送走它們。

考慮到定期汰換這點，我後來決定，與其買「貴的、耐穿的」襪子或褲襪，不如選擇價位親民，能在短時間內常穿的，才更符合我的需求。

定期檢視除了可以運用在襪子上，還有很多東西都能比照辦理。

例如家居服、睡衣、內衣褲等。
這些都是平時不太會被別人看到，因此很容易錯失汰舊換新時機的衣物。
一旦疏忽，可能會同一件連穿好幾年，所以一定要事先設定好定期檢視的時間點。
「連看不到的地方都整理得如此井井有條，我真的好棒！」
只要能做到定期檢視，自我肯定感便會大幅提升，每天都能過得開開心心！

「越不容易抓到汰換時間點的物品」，越應該做好定期檢視工作！

2

【每1週進行1次】檢視很容易亂塞東西的「錢包」

「回過神來，突然發現錢包裡塞了滿滿的收據！」各位是否也曾有過類似的經驗呢？除了收據，還有被店家推銷所辦理的各種集點卡、不知何時收到的折價券，以及根本不知道放了多久的會員卡跟診所掛號卡等等。

錢包很容易被「不常用，但丟了總覺得哪裡怪怪的東西」塞滿，對吧？

我之前用的是長夾，裡頭永遠塞得鼓鼓的。（如果塞滿的是鈔票該有多好……）

不過現在我改用小錢包，內容物也都保持得整整齊齊。

我已經不需要在收銀台前拖拖拉拉地從大量的收據裡找出零錢。

我的訣竅是，每週檢視一次錢包裡面的內容物。

雖然最為理想的是每天把收據拿出來，將開銷詳細記錄在家計簿上，但我知道以我自己的個性，很快就會嫌麻煩而偷懶擺爛。

如果剛開始就決定好「每週檢視一次」，就能輕鬆無痛地養成習慣。

因為錢包會讓人聯想到「金錢」，所以我決定在「金」曜日，也就是每週五，定期檢視自己的錢包。

請各位也幫自己設定一個方便好記的時間。

接下來，讓我們來看看該如何檢視錢包吧！

週五晚上的「檢視」習慣

每週五的晚上，把錢包裡所有東西拿出來攤在桌上，按照「錢」、「收據」、「集點卡」、「身分證件」等分類擺好。

接著，根據收據上的日期重新排列，依序將所有花費輸入記帳應用程式。

我以前也買過市售的記帳本，但總覺得寫起來非常浪費時間，所以每次都很快就放棄了。使用手機應用程式記帳，除了實現無紙化管理，還能自動結算，輕輕鬆鬆就能搞清楚收支狀況，真的非常方便。

輸入完所有收據後，接下來要檢視集點卡和折價券。

建議盡量將可以改用應用程式管理的集點卡整合進手機裡。實體卡片的數量減少，每週要檢查的量也會跟著變少，相對輕鬆許多。

應用程式只有一開始的註冊程序比較麻煩，但只要完成登錄之後，後續使用起來非常輕鬆。在收銀臺前只需要拿出手機，瞬間就能完成集點，實在非常方便。

即便如此，應該還剩不少只能使用紙本或實體卡片管理的東西。

針對這類東西，首先將它們分為「經常使用」和「其他」兩類。

將「每週至少會用到一次的東西」和「預計下週會用到的東西」放進錢包，其他紙本或實體卡片先留在桌面上。

這麼一來，錢包裡只會留下「經常使用的東西」，既整齊又清爽！

創造「金錢的良性循環」

至於留在桌面上的東西該怎麼辦才好呢？首先，必須先檢查它們的有效期限。留著過期的集點卡和折價券也沒用處，就直接丟掉吧！

其中，有些卡片「仍在有效期限內，但恐怕很難在期限內集滿點數」，例如距離較遠或不常光顧的店家。

這類卡片如果只是因為「不留可惜」而一直放在錢包裡，只會佔用空間，導致真正常用的東西沒地方放。建議趁這個機會將它們處理掉。

如果留著這些卡片不是為了集點，而是因為喜歡卡片的設計，想留下來做紀念的話，則可以把它們納入「紙類收藏」當中。

再來，你需要仔細檢查這些仍在有效期限內的集點卡，看看集滿後可以享受哪些優惠。

過去的我總覺得「集點＝賺到」，所以常會為了「只差一點就能集滿點數，再多買這個好了」而購買多餘的東西。

用額外購物湊滿的點數來獲取根本不需要的優惠，想想實在不值得。

而且，管理這堆點數比想像中來得更加麻煩。

既然如此，還不如把金錢跟精力放在真正想要的東西上。

當你開始這麼想之後，自然就不會再像以前那樣，在收銀台前被店員稍微慫恿，就腦波弱地辦了一堆集點卡。

現在，放在我皮夾裡的集點卡包括：

- 每週消費一次的大型超市會員卡（每次結帳享有3％優惠）
- 每週消費二到三次的藥妝店集點卡（每100日圓累積1點，集滿500點可兌換成500日圓的抵用金）

我確實有在使用的集點卡只有這兩張。

兩張都是只要購物就能享有優惠，非常划算。

而這也是我保持每週檢視一次錢包的習慣後才留意到的細節。

定期檢視並整理錢包，不僅方便管理金錢、減少不必要的消費，還能把省下來的錢用在購買真正喜歡的東西之上，創造金錢的良性循環。

不需要每天努力記帳整理，只要每週固定一天檢視錢包，就能創造金錢的良性循環。各位不覺得賺翻了嗎？

現在立刻把塞在錢包裡的明細通通拿出來吧！

3

【沒啥幹勁的時候】

寫下生活中「雖不起眼卻很煩人的小事」

雖然下定決心要做出改變，但總有些時候會提不起勁，莫名覺得有點煩躁，對吧？

這種時候，我會試著列出生活中「雖不起眼卻很煩人的小事清單」。

這份清單顧名思義，我會在手機備忘錄列出生活裡繁瑣的各項家事當中，那些我認為「雖然不太嚴重，但就是覺得有點煩人的事」。

例如，廚房清潔工作對我來說，就是最經典的案例。

- 廚房毛巾很難乾，永遠都濕濕的，真的很煩！
- 烤吐司機的縫隙常常卡麵包屑，真的很煩！

- 保鮮盒很容易亂堆亂放，要拿也不方便，真的很煩！

透過列清單的方式，把日常生活中不知不覺累積的不滿跟壓力視覺化，從而得知該如何改善。

以先前的例子來說，可以這樣改善：

- 把厚磅毛巾換成薄款的快乾毛巾。
- 購買一把能深入烤吐司機縫隙清潔的小刷子。
- 改變保鮮盒的收納方式。

光是條列出來，就能具體找出心中煩躁的原因。

想辦法改善這些問題，做家事時的心情便會慢慢變好，累積的微小壓力也會逐漸減輕。

第二章所介紹過的「利用閒置馬克杯做冰箱收納」，其實也是我曾經把「每次打開冰箱，都會看到軟管調味醬東倒西歪，真的很煩！」列在清單上，才有了利用馬克杯收納的靈感。

換句話說，這份「雖不起眼卻很煩人的小事清單」，就像是我創造美好生活的靈感魔法筆記。

甩掉壓力的大好機會！

而且，根據這份清單來購物的話，幾乎不會失敗。

為什麼會這麼說呢？因為根據這份清單所選出來的東西，保證都是「平常就很想要的東西」。將這些東西融入生活當中，它們很快就會成為愛用好物，甚至讓你「無法想像以前沒有它的時候，日子到底是怎麼過的」。

例如，讓人忍不住想偷懶的浴室打掃工作。

列出不喜歡打掃的原因後，我發現自己討厭的並不是打掃工作本身，而是討厭「清掃浴室的排水溝」。

再描述得更具體一點，我家浴室的排水溝槽上有蓋子，而蓋子的內緣很容易長霉斑，我真的超級痛恨霉斑。

既然如此，我索性拆下排水溝的蓋子，拆開後才發現裡頭有個塑膠濾網。因為這種濾網的底部很深，而且總是又濕又黏，所以毛髮總是緊纏著濾網，導致很難清理，讓打掃工作變得「既討厭又煩人」。

後來我乾脆把塑膠濾網拆掉，換成不銹鋼濾網。

更換濾網真的是個正確的選擇。之前討厭得要命的浴室打掃工作變得出乎預料地輕鬆。

如果我沒有把這件事寫在清單上，大概只會一直覺得打掃浴室很煩，也不會知道自己煩躁的根源出在哪個環節。

發現日常生活中「雖不起眼卻很煩人的小事」並加以改善，就是減輕生活壓力的大好機會！只要記住這點，你的心情也會跟著開朗起來。

即使整天什麼都沒做，
只要列出清單，就很有「成就感」！

4 【網購】「下訂前的1分鐘」正是關鍵

目前為止，我所分享的各種購物原則，不知道各位讀者覺得如何呢？

我知道讀者中，一定有些人會想：「物慾超強的我根本辦不到」，或是「還要寫願望清單什麼的，未免也太麻煩了吧」，也有些人會想：「我自己也知道不應該啊！但就是忍不住手滑網購了嘛……」

沒關係！你不需要一次馬上改掉所有既有的購物方式。

不必勉強自己，先找個自己好像辦得到的來嘗試看看。

舉例來說，如果你是「在購物網站上一不小心就會手滑」的人。

把你看上眼的、想要的東西都不客氣，盡量放入購物車裡沒有關係。

但是，在你按下「訂購鍵」之前，請先稍等一下。

只要一分鐘就好，為自己留下本書先前介紹過的「購買前先問問自己」的時間。

- 購物車裡的東西，真的有比現在擁有的東西更好嗎？
- 尺寸確認過了嗎？
- 這件商品的評價如何？
- 確定不是因為被促銷或集點活動生火才想買的嗎？
- 有沒有買超過原本需求的數量？
- 不是為了湊免運，才順便多買這個不需要的東西吧？

先好好問過自己這些問題，應該就能找出幾樣覺得「下次再買好了」的東西。把不需要的移出購物車，你就已經踏出往精準消費之路前進的第一步了！

★補充說明，如果不確定線上購物商品的尺寸，可以把尺寸寫在紙上，或是找個尺寸相近的物品拿在手上，會比較好想像。

另外，我也希望大家記住：「即使買錯東西，也別太苛責自己。」購物本來就該是件讓人感到開心的事才對。如果因為失手買錯而感到苦惱，甚至產生負面情緒的話，未免也太哀傷了。重要的是如何避免重蹈覆徹。

不小心失心瘋、衝動購物時，如果能趁機找出「自己在什麼情況下會忍不住亂買」，就是一件好事！

就算是「買了但最後都沒用到的東西」，也能轉念想成是比以前多找到一個「不適合自己的東西」，豈不也是件好事！

請用輕鬆的態度看待這些失敗，再把經驗帶到下次的購物當中。從自己做得到的事情開始，按照自己的節奏慢慢來吧！

欲速則不達。失敗才是通往精準消費的捷徑！

結語

日常生活中的小小選擇，竟能大大改變你的人生

衷心感謝各位讀者讀到最後。

以前的我總是覺得「買東西本來就是看當下的心情，偶然遇見自己喜歡的東西，當然要把握機會買下來。要是事先規劃一堆有的沒的，不就沒意思了嗎？」

但是現在的我，真心覺得**「按照精準消費計劃所買的東西，完美融入日常生活的那刻，實在讓人超級爽快！」**

舉例來說，當我走進服飾店時，店員問我：「您在找什麼呢？」的時候。

以前的我只是漫無目的地閒逛，店員只要隨口說句：「這也算是一種緣份」，隨便慫恿一下，我的錢包就會淪陷。

這樣的結果就是常常買回去後才覺得不太適合，或是根本穿不到，最後只能擺在衣櫃裡積灰塵。

等到真的看到讓自己非常心動的東西時，又因為錢包空空而不得不放棄……

我相信不少讀者都有過類似的經驗吧。

然而，正是因為我改變了自己的購物習慣，我才能堅定地告訴大家：

那種隨波逐流的「被動式消費」，其實就是一種浪費！

這個世界上充滿了無數美好的事物。

如果我們只是隨波逐流地買下「偶然遇見的商品」，那麼人生也會像這樣漫無目的地走向終點。

我認為，所謂的「改變購物習慣」，是將挑選物品的決定權牢牢掌握在自己手中，而不再交付給他人。

這個習慣也將體現在生活當中，也就是自己的人生必須由自己去開拓。

為了實現這個目標，書中再三強調過的「購買前的自我對話」絕對不可或缺。

- 在前往收銀台之前，先停下來問問自己：「比起已經擁有的東西，我真的更喜歡現在要買的商品嗎？」
- 捫心自問：「我經常穿的都是什麼樣的衣服？」試著寫下屬於自己的願望清單。

傾聽內心真正的聲音，主動選擇自己真心喜愛的東西吧！

人生，是一連串選擇的累積。

「買」或「不買」這些看似日常生活中微小的選擇，累積起來的巨大力量卻足以改變你的人生。

為了實現屬於自己的耀眼人生——

請從今天開始，將本書中所分享的內容付諸行動，打造出屬於你的精準消費原則吧！

樋口聰子

懂買，才能過上真正喜歡的生活

不必斷捨離！用10大選物哲學×4階段整理練習，讓心靈金錢更富足的生活提案

作者樋口聰子
譯者呂盈璇
主編林昱霖
責任編輯唐甜
封面設計徐薇涵 Libao Shiu
內頁美術設計羅光宇

執行長何飛鵬
PCH集團生活旅遊事業總經理暨社長李淑霞
總編輯汪雨菁
行銷企畫經理呂妙君
行銷企畫主任許立心

出版公司
墨刻出版股份有限公司
地址：115台北市南港區昆陽街16號7樓
電話：886-2-2500-7008／傳真：886-2-2500-7796／E-mail：mook_service@hmg.com.tw
發行公司
英屬蓋曼群島商家庭傳媒股份有限公司城邦分公司
城邦讀書花園：www.cite.com.tw
劃撥：19863813／戶名：書虫股份有限公司
香港發行城邦（香港）出版集團有限公司
地址：香港九龍土瓜灣土瓜灣道86號順聯工業大廈6樓A室
電話：852-2508-6231／傳真：852-2578-9337／E-mail：hkcite@biznetvigator.com
城邦（馬新）出版集團 Cite (M) Sdn Bhd
地址：41, Jalan Radin Anum, Bandar Baru Sri Petaling, 57000 Kuala Lumpur, Malaysia.
電話：(603)90563833／傳真：(603)90576622／E-mail：services@cite.my
製版・印刷漾格科技股份有限公司
ISBN978-626-398-201-7・978-626-398-200-0（EPUB）
城邦書號KJ2117 **初版**2025年5月
定價360元
MOOK官網www.mook.com.tw
Facebook粉絲團
MOOK墨刻出版 www.facebook.com/travelmook

國家圖書館出版品預行編目資料

懂買，才能過上真正喜歡的生活：不必斷捨離！用10大選物哲學×4階段整理練習，讓心靈金錢更富足的生活提案/樋口聰子作；呂盈璇譯. -- 初版. -- 臺北市：墨刻出版股份有限公司出版：英屬蓋曼群島商家庭傳媒股份有限公司城邦分公司發行, 2025.05
208面；14.8×21公分. -- (SASUGAS； KJ2117)
譯自：「買い方」を変えたら、人生変わった！　つい集めすぎちゃう私のお買い物ルール
ISBN 978-626-398-201-7(平裝)
1.CST: 消費心理學 2.CST: 消費者行為 3.CST: 購買行為 4.CST: 家政

496.34　　114003332